装配式建筑构件及施工质量控制

孙家坤 司伟 著

ZHUANGPEISHI
JIANZHU
GOUJIAN JI
SHIGONG
ZHILIANG
KONGZHI

U0364544

化学工业出版社

·北京·

内 容 简 介

本书基于工业工程的视角，从预制构件质量、装配式建筑质量监管和建筑施工质量三个维度对整体装配式建筑质量问题进行了研究。运用 5W1H 和 ECRS 分析法对装配式建筑构件质量进行了分析，探讨了装配式建筑质量监管及追溯体系的构建，从设计、生产及运输、施工环节对某装配整体式高层住宅项目质量问题进行了统计分析，提出了基于 BIM 的质量管控流程和方法。

本书结合实际案例，数据丰富，图文并茂，浅显易懂，适用于从事建筑构配件生产及装配式建筑现场施工的工程技术人员、技术管理人员阅读，也可作为高等院校相关专业师生的参考书。

图书在版编目（CIP）数据

装配式建筑构件及施工质量控制/孙家坤，司伟著.
—北京：化学工业出版社，2020.9
ISBN 978-7-122-37317-5

Ⅰ.①装…　Ⅱ.①孙…②司…　Ⅲ.①建筑工程-装配式构件-建筑施工-质量控制　Ⅳ.①TU7

中国版本图书馆 CIP 数据核字（2020）第 119036 号

责任编辑：金林茹　张兴辉　　　　　　　　文字编辑：林　丹
责任校对：刘　颖　　　　　　　　　　　　装帧设计：王晓宇

出版发行：化学工业出版社(北京市东城区青年湖南街 13 号　邮政编码 100011)
印　　装：北京七彩京通数码快印有限公司
710mm×1000mm　1/16　印张 8¾　字数 140 千字　2021 年 1 月北京第 1 版第 1 次印刷

购书咨询：010-64518888　　　　　　　　售后服务：010-64518899
网　　址：http://www.cip.com.cn
凡购买本书，如有缺损质量问题，本社销售中心负责调换。

定　　价：79.00 元

前言

　　建筑业属于典型的劳动密集型行业，随着社会与经济的发展，建筑业遇到了巨大的挑战，推进建筑产业现代化是应对挑战的必然选择，装配式建筑是实现建筑产业现代化的重要途径。近年来，中央和地方政府出台了很多推动装配式建筑发展的政策，装配式建筑在全国各地都有了一定的发展。

　　装配式建筑的推行使工业工程与建筑业有了一个很好的结合契机，"像造汽车一样造房子"是大家对装配式建筑的形象提法，而汽车行业是应用精益生产提质、降本、增效的典型行业。建筑行业有"质量通病"的提法，从制造业切入建筑业，质量是一个很好的切入点。

　　本书从装配式建筑产生的背景及发展入手，介绍了建筑业面临的问题，论述了装配式建筑质量控制的一般思路和研究方法，然后从预制构件生产与建筑施工两个环节分别展开论述。针对预制构件生产环节，搜集相关生产资料，基于数据进行统计分析，指出预制构件质量控制的措施；在此基础上，从第三方视角，对预制构件质量的监管以及规范体系提出了一些看法和建议。施工是整个装配式建筑质量管控的中心和关键环节，基于项目施工现场收集的数据以及后续的调查问卷，了解影响装配式建筑质量控制的因素，提出相应的管控措施；最后，对 BIM 技术在装配式建筑质量管控中的应用进行了基础性探索。

　　本书只是从精益生产的角度对装配式建筑质量管控进行研究的一种尝试和探索，从数据的角度探索基于工业工程相关理论方法提出质量管控措施，探索借助技术手段实现建筑生产质量管控。

　　本书可作为从事装配式建筑质量控制的专业人士的参考书，装配式建筑行业的从业者及对质量管控感兴趣的研究者亦可从中受到启发。

　　本书所开展的研究得到了山东万斯达集团公司张树辉总经理的指导和支持，山东建筑大学管理学院徐友全、赵锦锴和崔晓青三位老师也给予了很大的帮助，研究生张承贺、王颖帮忙收集了大量数据并进行了初步分析和整理，在此一并致谢。

　　本书是作者从精益生产与制造信息化研究领域切入建筑领域后做的一些研究工作，书中难免有疏漏和不足之处，敬请读者予以批评指正。

著者

目录

第1章

绪论   1

1.1 背景 / 1
1.2 装配式建筑发展现状 / 4
  1.2.1 装配式建筑发展沿革 / 4
  1.2.2 装配式建筑现状及发展前景 / 5
1.3 质量管理相关理论 / 8
  1.3.1 质量管理相关概念 / 8
  1.3.2 质量管理工具 / 10
1.4 研究内容及研究方法 / 15
  1.4.1 研究内容 / 15
  1.4.2 研究方法及技术路线 / 15

第2章

装配式建筑构成及施工工艺   18

2.1 装配式建筑内涵 / 18
2.2 装配式建筑与传统建筑生产过程对比 / 21
2.3 装配式建筑常见结构形式 / 22
  2.3.1 装配式混凝土结构 / 22
  2.3.2 钢结构建筑 / 24
  2.3.3 钢-混凝土混合结构建筑 / 25
  2.3.4 木结构建筑 / 27
  2.3.5 其他形式装配式建筑 / 27
2.4 装配式建筑施工工艺及质量控制要点 / 28
  2.4.1 装配式建筑施工工艺 / 28
  2.4.2 质量控制要点 / 29

第3章

混凝土预制构件质量问题分析

31

3.1 预制构件行业发展概况 / 31

3.2 预制构件类型 / 33

3.3 预制构件一般生产工艺 / 34

3.4 预制构件质量研究现状 / 36

3.5 某预制构件质量问题分析实例 / 38

    3.5.1 产品概况 / 38

    3.5.2 预制构件质量问题统计分析 / 41

3.6 预制构件质量问题调查分析 / 49

    3.6.1 预制构件质量问题问卷设计 / 49

    3.6.2 产品质量问题原因统计分析 / 53

3.7 混凝土预制构件产品生产流程分析与改善 / 58

    3.7.1 产品生产工艺流程现状分析 / 58

    3.7.2 生产工艺流程的改进 / 62

    3.7.3 人员技能提升的建议 / 69

第4章

建筑构件质量监管及追溯体系

70

4.1 建筑质量监管基本原则 / 70

4.2 预制构件产品质量管理体系 / 71

    4.2.1 设计阶段质量管理规范 / 71

    4.2.2 生产阶段质量管理规范 / 72

    4.2.3 运输与堆放阶段的管理规范 / 74

4.3 基于信息技术的建筑构件质量追溯机制 / 75

    4.3.1 质量追溯概念界定 / 75

    4.3.2 建设项目全寿命周期质量监管信息 / 76

    4.3.3 基于物联网的部品（构件）质量追溯系统 / 77

    4.3.4 基于信息技术的部品构件质量追溯机制 / 78

    4.3.5 基于 RFID 的质量管理过程 / 80

第5章

装配式建筑工程施工质量问题研究

83

5.1 装配式建筑施工质量研究现状 / 83

5.1.1　装配式建筑施工质量影响因素 / 85

5.1.2　装配式建筑施工质量控制 / 86

5.2　某装配式建筑工程项目实例 / 88

5.2.1　项目概况 / 88

5.2.2　钢结构安装工艺 / 88

5.2.3　预制构件安装 / 89

5.3　施工质量问题统计与分析 / 92

5.3.1　施工质量问题描述与统计 / 92

5.3.2　施工质量问题分析 / 95

5.4　施工质量问题问卷设计 / 99

5.4.1　问卷调查目的 / 99

5.4.2　问卷调查设计 / 100

5.4.3　问卷分析 / 103

5.4.4　问卷调查数据分析 / 103

第**6**章
基于 BIM 的装配式建筑工程项目施工质量控制

108

6.1　BIM 在装配式建筑质量研究中的现状 / 108

6.2　基于 BIM 的装配式建筑工程项目施工质量方案 / 109

6.2.1　方案总体框架 / 109

6.2.2　建立 BIM 模型 / 109

6.2.3　碰撞检测 / 109

6.2.4　施工模拟 / 114

6.2.5　优化施工方案 / 116

6.3　事中质量控制 / 118

6.3.1　预制构件质量控制 / 118

6.3.2　可视化技术交底 / 120

6.3.3　施工质量动态跟踪 / 120

6.4　事后质量控制 / 122

附录
混凝土预制构件质量问题调查问卷

124

参考文献

128

第1章
绪论

1.1
背景

　　建筑业是我国经济体系的一个重要组成部分，对国民经济和社会发展做出了长期稳定的贡献，也为全国庞大的劳动人口提供了每年数以千万计的就业岗位。随着我国经济建设的快速发展和固定资产投资的大规模增长，建筑施工企业在国民经济中的支柱地位越来越明显。2018年，全社会建筑业增加值61808亿元，在国民经济20个行业中排名第五，比上年增长4.5%[1]。从历史数据看，1952年，全国建筑业企业完成总产值57亿元。2017年，建筑业企业完成总产值21.4万亿元，突破20万亿元大关。2018年，全国建筑业企业完成总产值约23.5万亿元[2]，是1952年的4124倍，年均增长13.4%[3]。2010年以来，建筑业增加值占国内生产总值的比例始终保持在6.5%以上，在2015~2017年出现增速波动后连续回升（图1.1），2019年，总产值248446亿元，同比增长约5.7%。

　　中国建筑业多年来完成了一系列设计理念超前、结构造型复杂、科技含量高、使用要求高、施工难度大、令世界瞩目的重大工程；年均完成超过二十亿平方米的住宅建筑，为改善城乡居民居住条件做出了突出贡献。作为当今世界的建筑大国，建筑业在我国国民经济中的支柱地位不断加强（图1.2）。国家明确提出要加快城镇化建设和基础设施建设，城镇化水平不断提高[4]。大型基础设施建设如火如荼，各类工程建设数量今后相当长一段时间内仍将处于较高水平。我国重大基础设施工程均要求在有限的时间完成高质量的建筑产品，其保质保量地建成涉及民生和国家安全。同时，我国建筑业在国际市场上也取得了令人瞩目的成就。2018 年我国对外承包工程业务完成营业额为 1.12 万亿元，新签合同额为 1.6 万亿元，"走出去"战略的实施使得我国建筑企业在国际市场逐渐站稳了脚跟。

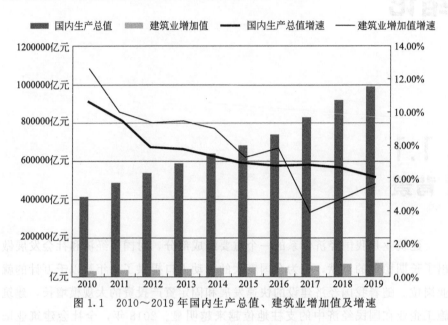

图 1.1　2010～2019 年国内生产总值、建筑业增加值及增速

图 1.2　建筑业增加值及其占 GDP 比重

需要指出的是，建筑业的能耗一直占据国内各个行业能耗的首位，建筑能耗在我国整个能耗中所占比例越来越大。早在 2001 年，我国建筑年消耗标准煤已达到 3.76 亿吨，占消耗总量的 27.6%[5]。住房和城乡建设部统计

数据显示，我国建筑能耗总量已占全社会总能耗的 33％，并且呈现逐年上升的趋势，到 2020 年，我国建筑能耗将达到 1089 亿吨标煤[6]。由于建筑规模增长，用能方式变化，建筑高耗能将在未来很长一段时间成为常态。目前，建筑业在资源消耗和环境污染方面所占比例较大，耗用了从自然资源中获取原材料的 50％以上，消耗了可利用能源的 50％左右。由于大量的"手工"操作模式存在，导致施工现场污染（如扬尘、噪声、废气、废水、固体废弃物等）占到了各种污染总和的 34％，并排放出了相当于居民活动垃圾 40％的建筑垃圾[7]。工业化、城市化、现代化加快推进的中国，正处在能源需求快速增长阶段，大规模基础设施建设带来能源消费的持续增长，成为中国可持续发展的一大制约。面对这样的挑战，我国的建筑业需要通过生产方式的创新来实现资源的节约、工艺的创新、效率的提高。

建筑业是农民工就业的重要行业，据统计，我国建筑业每年吸纳的农民工人数大约在 6500 万，占据全国农民工的 40％[8]，对缓解我国的就业压力有重要作用，对社会稳定也起着至关重要的作用。传统的建筑行业工作生活环境差，劳动强度大，工作危险，导致 80 后、90 后的年青一代农民工不愿从事建筑施工工作，全国各地建筑工程均出现了技术工人紧缺现象，从而对以往施工现场相对劳动力密集的传统建造模式提出了新的挑战。新型建筑工业化可以大幅提高劳动效率，减少建筑业对人力资源的需求，同时，工业化的生产环境可以保障从业人员的安全。建筑业的可持续发展势必要创新科技的拉动，大量人力、财力、物力投入建设项目中，只有通过先进的技术、合理的组织和管理才可完成。尤其需要注意的是，建筑产业现代化的发展，特别是在发展过程中，将极大提高从业人员的素质，使之真正适应工业化生产的要求。

总之，随着人口红利逆转、资源日益紧缺、成本持续上升、生态环境压力加大，建筑业高能耗、高污染、高事故的现状急需改善。为了加快建设资源节约型、环境友好型社会，促进行业可持续发展，必然要求建筑行业从劳动密集型的传统产业向设计标准化、构件生产工厂化、施工机械化、装修一体化、管理信息化的新型建筑生产方式转变[9]，通过整合设计、生产、施工、服务等整个产业链，实现建筑产品节能、环保、全生命周期价值最大化，确保提升建筑业劳动生产率和工程建设整体质量。建筑产业现代化，打破了原有建筑领域产业和机制的约束，可促进我国建筑产业结构调整，提高工程质量，实现"百年建筑"，促进全社会的节能减排，提高资源循环利用，推动生态文明建设和美丽中国的创建。因此，建筑产业现代化是建筑企业转型升级的必然方向，也是我国建筑行业发展的必由之路。

1.2
装配式建筑发展现状

1.2.1 装配式建筑发展沿革

装配式建筑是指把传统建造方式中的大量现场作业工作转移到工厂进行，在工厂加工制作好建筑用构件和配件（如楼板、墙板、楼梯、阳台等），运输到建筑施工现场，通过可靠的连接方式在现场装配而成的建筑。装配式建筑最早可以追溯到 20 世纪初期德国建筑师瓦尔特·格罗皮乌斯（Walter Gropius）提出的建筑工业化[10]，后来建筑工业化经过百余年的发展，历经了住宅工业化、住宅产业化、建筑产业化[11~14]等变迁。我国在建国初期就开始了对装配式建筑的研究，并于 1956 年发布了《关于加强和发展建筑工业化的决定》，提出了"三化"（设计标准化、构件生产工业化、施工机械化）[15]。随后，大量的预制构件，如预制空心楼板、预制梁、预制屋面板等，应用于建筑工程中。到 20 世纪 80 年代，大规模的住宅小区采用了装配式建筑技术，但是由于技术体系不成熟、工业化水平不高等原因，装配式建筑大部分采用空心楼板，构件水平方向基本没有拉结，构件质量也出现了较多问题，防水、冷桥、隔声等技术不成熟，使得 20 世纪 90 年代装配式建筑逐渐被现浇式建筑取代。

近些年来，随着经济技术的发展以及国家对绿色环保的倡导，装配式建筑市场逐渐回暖，国内各研究所、高等院校、企业等汲取历史教训，结合工程实践对装配式建筑进行了大量研究，许多适合我国国情的结构技术体系被提出，与装配式建筑相配套的技术也得到了长足发展。尽管如此，我国装配式建筑在技术体系方面仍存在许多问题，技术体系复杂，各地区标准不统一，难以大规模推广，抗震减灾、材料技术工艺不成熟，与国外存在较大差距。

1.2.2　装配式建筑现状及发展前景

在 2013 年底召开的全国住房城乡建设工作会议上，住房和城乡建设部首次提出建筑产业现代化的概念："建筑产业现代化是以绿色发展为理念，以住宅建设为重点，以新型建筑工业化为核心，广泛运用现代科学技术和管理方法，以工业化、信息化深度融合对建筑全产业链进行更新、改造和升级，实现传统生产方式向现代工业化生产方式转变，从而全面提高建筑工程的效率、效益和质量"。2014 年 2 月，住房和城乡建设部批准《装配式混凝土结构技术规程》（JGJ 1—2014）。2014 年 3 月，中共中央、国务院印发《国家新型城镇化规划（2014—2020 年）》，在"加快绿色城市建设"一节中提及"大力发展绿色建材，强力推进建筑工业化"，并将"积极推进建筑产业现代化、标准化，提高住宅工业化比例"作为重点之一。2014 年 5 月，《2014—2015 年节能减排低碳发展行动方案》中提出要以住宅为重点，以建筑工业化为核心，加大对建筑部品生产的扶持力度，推进建筑产业现代化。2014 年 6 月，中国首个国家建筑产业现代化示范城市在沈阳正式挂牌，这是沈阳自 2011 年获批国家现代化建筑产业化试点城市之后，在发展现代建筑产业之路上的又一次重要"升级"。2014 年 7 月，住建部正式出台《关于推进建筑业发展和改革的若干意见》，在"促进建筑业发展方式转变"的第一条中就明确提出应大力推动建筑产业现代化。2014 年 9 月，住建部发布《工程质量治理两年行动方案》，提出住建部拟制定建筑产业现代化发展纲要，各地住房和城乡建设主管部门要明确本地区建筑产业现代化发展的近远期目标，协调出台减免相应税费、给予财政补贴、拓展市场空间等激励政策，并尽快将推动引导措施落到实处[14,16]。

国务院、住建部以及全国各省（直辖市）相继出台相关政策，推进装配式建筑的发展，具体如表 1.1、表 1.2 所示。

表 1.1　国务院、住建部推进装配式建筑主要政策汇总表

部门	时间	政策	主要内容
国务院	2018 年 6 月	《中共中央 国务院关于全面加强生态环境保护 坚决打好污染防治攻坚战的意见》	推动形成绿色发展方式和生活方式,鼓励新建建筑采用绿色建材,大力发展装配式建筑,提高新建绿色建筑比例
	2017 年 2 月	《国务院办公厅关于促进建筑业持续健康发展的意见》	力争用 10 年左右的时间,使装配式建筑占新建建筑面积的比例达到 30%

部门	时间	政策	主要内容
国务院	2017年1月	《"十三五"节能减排综合工作方案》	推广节能绿色建材、装配式和钢结构建筑
	2016年9月	《关于大力发展装配式建筑的指导意见》	以京津冀、长三角、珠三角三大城市群为重点推进地区，常住人口超300万的其他城市为积极推进地区，其余城市为鼓励推进地区，因地制宜发展装配式混凝土结构、钢结构和现代木结构等装配式建筑。力争用10年左右的时间，使装配式建筑占新建建筑面积的比例达到30%
	2016年3月	《政府工作报告》	大力发展钢结构和装配式建筑
	2016年2月	《中共中央国务院关于进一步加强城市规划建设管理工作的若干意见》	建设国家级装配式建筑产业基地。加大政策支持力度，力争用10年左右时间，使装配式建筑占新建建筑的比例达到30%
住建部	2019年9月	《关于完善质量保障体系提升建筑工程品质的指导意见》	大力发展装配式建筑，推进绿色施工，通过先进技术和科学管理，降低施工过程对环境的不利影响。建立健全绿色建筑标准体系，完善绿色建筑评价标识制度
	2017年12月	《装配式建筑评价标准》（GB/T 51129—2017）	评价标准分为总则、术语、基本规定、装配率计算、评级等级划分共五章，适用于评价民用建筑的装配化程度，主要针对单体建筑的地上部分进行评价，根据装配率分为A、AA、AAA三个等级
	2017年5月	《建筑业发展"十三五"规划》	到2020年，装配式建筑面积占新建建筑面积比例达到15%
	2017年3月	《"十三五"装配式建筑行动方案》	2020年前全国装配式建筑占新建建筑比例达15%以上，其中重点推进地区20%以上
	2016年8月	《2016—2020年建筑业信息化发展纲要》	加强信息化技术在装配式建筑中的应用

表1.2　全国部分省（直辖市）关于推进装配式建筑主要政策汇总

省（直辖市）	时间	政　策
北京	2017年2月	《关于加快发展装配式建筑的实施意见》
	2017年5月	《北京市发展装配式建筑2017年工作计划》
天津	2017年7月	《关于大力发展装配式建筑的实施方案》
河北	2017年5月	《河北省装配式建筑"十三五"发展规划》

省（直辖市）	时间	政 策
上海	2016 年 8 月	《上海市装配式建筑 2016—2020 年发展规划》
江苏	2017 年 12 月	《关于促进建筑业改革发展的意见》
浙江	2017 年 6 月	《关于加快推进新型建筑工业化若干意见》
安徽	2017 年 1 月	《关于大力发展装配式建筑的通知》
广东	2017 年 4 月	《广东省人民政府办公厅关于大力发展装配式建筑的实施意见》
山东	2017 年 1 月	《关于大力发展装配式建筑的实施意见》
山西	2017 年 6 月	《山西省人民政府办公厅关于大力发展装配式建筑的实施意见》
湖北	2016 年 3 月	《关于推进建筑产业现代化发展的意见》
湖南	2017 年 6 月	《关于加快推进装配式建筑发展的实施意见》
四川	2016 年 3 月	《关于推进建筑产业现代化发展的指导意见》
福建	2016 年 6 月	《泉州市推进建筑产业现代化试点实施方案》
辽宁	2017 年 8 月	《辽宁省人民政府办公厅关于大力发展装配式建筑的实施意见》
海南	2016 年 2 月	《海南省关于促进建筑产业现代化发展的指导意见》

在国家政策的支持下，我国装配式建筑规模在不断扩大（图 1.3）。相关数据显示，2011~2017 年间，我国装配式建筑市场规模从 43.2 亿元逐步增长至 462.3 亿元，七年里我国装配式建筑市场规模同比增幅高达 970.14%，年均增速超过 30%[17]。最近几年来，我国装配式建筑发展在全国范围内掀起一股前所未有的"热潮"。2018 年我国新建装配式建筑面积达到 1.9 亿平方米，同比增长 24.7%[18]，同期我国房地产新建房屋面积为 20.93 亿平方米，装配式建筑面积占比仅为 9%。与西方发达国家的装

图 1.3 2011~2018 年我国装配式建筑行业总产值趋势

配式建筑发展情况相比，我国的装配式建筑存在较大的发展空间。目前，我国装配式建筑发展较快的城市有深圳、济南、沈阳、上海和北京等，以示范、试点工程为切入点，在出台政策、技术创新、标准规范制定等方面大胆探索，在一定程度上促进了我国建筑工业化的健康、持续、稳定、有序发展。很多省（自治区、直辖市）相关规划中将装配式建筑面积占比列为重要指标之一：到 2020 年，北京、江苏、浙江、江西、湖南、四川等省（直辖市）装配式建筑面积占新建建筑面积的比例达到 30% 以上，河北、辽宁、福建等省装配式建筑面积占新建建筑面积的比例达到 20% 以上；到 2025 年，大部分省（自治区、直辖市）规划辖内装配式建筑面积占比至少达到 30% 以上[19]。

党的十九大工作报告中明确指出"把发展经济的着力点放在实体经济上，把提高供给体系质量作为主攻方向，加快建设制造强国，加快发展先进制造业，培育新增长点、形成新动能，大力支持传统产业优化升级"。装配式建筑产业代表新一轮建筑产业现代化变革的方向，是建筑产业培育发展新动能、获取未来产业竞争优势的关键领域，大力发展装配式建筑产业已成为促进社会经济发展的重要举措。2018 年我国新建装配式建筑面积约 1.9 亿平方米，市场空间约为 4750 亿，很多地区的政策目标是到 2020 年装配式建筑在新建建筑中的占比达 15% 以上，2025 年达到 30%。可以预见，随着劳动力成本的增加、技术的完善与发展、国家政策的大力扶持，装配式建筑行业将继续快速发展。

1.3
质量管理相关理论

1.3.1 质量管理相关概念

（1）质量

质量是质量管理知识体系中最基本的概念，美国著名质量管理大师朱兰（Joseph M. Juran）博士指出：质量就是指满足客户需求的程度，就是适用性[20]。就是客户觉得他们需要的产品能够满足他们的需求，如装配式建筑施工单位认为工厂生产的预制构件尺寸满足他们的要求，开发商对混凝土预制构件的价格非常满意等，因此"适用性"对于产品来说是非常重要的。同时，"适用性"的准确度也是难以把握的，对于用户来说，质量就是"适用性"，因为对于使用产品的用户来说，他们并不清楚产品的规格，而只能判定产品是否满足其使用的要求。另一位世界著名质量管理专家菲根鲍姆（A. V. Feigenbaum）将质量的定义从全新的角度诠释得更加丰富和形象：质量是产品和服务，包括营销、设计、制造、维修中各种特性的综合体，通过这一综合体使产品和服务能够满足顾客的需求[21]。

国际标准化组织在 ISO 9000《质量管理体系　基础和术语》标准中，将质量定义为[22]：一组固有特性满足要求的程度，所谓的特性是指可区分的特征，如外表的特征、性能的特征、重量的特性等。对于企业来说，产品质量的要求可以分为两类，一是有非常明确的、发展比较顺利的顾客需求和期望，如顾客的长期订单；二是企业面临的顾客需求是一直在变化的，如混凝土预制构件的异形构件，由于项目的不同对构件的形状要求也会有所不同。

（2）质量管理

质量管理是组织为了满足客户不断更新的质量要求而开展的策划、组织、计划、实施、检查、改进等管理活动的总和，是组织中各级管理者的职责，其具体实施涉及企业内所有职工，但必须由组织的最高领导者领导。由于组织环境的多边性和对组织发展的导向性，组织的全部质量管理活动都必须围绕着与顾客和社会的需求相适应、与满足顾客要求相吻合的质量目标来进行，全面有效地实施质量保证和质量控制，并讲求质量管理活动的经济效果，使组织的各相关方利益都得到满足。要理解质量管理，需理解其要点，重点理解以下两个方面[23,24]。

① 组织管理与质量管理。企业如果要达成自身目标，管理者就会从企业内部的各个方面来进行管理，如生产管理、技术管理、售后管理、财务管理、物流管理、仓储管理、行政管理和人力资源管理等。质量管理人员将企业的相关方的需求全部考虑进去，通过一定技术手段持续改进组织绩效和效率，进而达成企业目标。

② 质量管理的主要活动。质量管理就是在质量领域控制和指挥、组织、协调各项活动，这些活动都是质量管理的一部分，包括制定质量方针和质量

目标、质量策划、质量控制、质量保证和质量改进。在上述质量活动中，质量策划、质量保证、质量控制和质量改进都是为了实现质量目标和质量方针而进行的准备。因此可以说质量管理是一种不断实施质量策划和质量改进的循环活动，是一个不断进步的过程。

（3）质量管理体系

所谓管理体系是指建立方针和目标并实现这些目标的体系，而体系则是相互关联或相互作用的一组元素。ISO 9000 族标准对质量管理体系下的定义是：在质量方面指挥和控制组织的管理体系。企业通过制定质量方针，确定质量目标，建立并不断健全质量管理体系，并通过这种行之有效的体系来实施企业的质量管理活动。所以，企业将质量管理体系作为质量管理有效推进和实施的核心。

由于企业之间的差异，每一个个体的质量方针和质量目标都不尽相同，因此质量管理体系也会因为质量方针和质量目标的不同而有差异。质量管理体系的内容是根据企业、行业对质量管理的需求不同来进行设计的。以混凝土预制构件生产企业为例，为了使质量管理活动标准化、规范化，预制构件生产企业应该依据自身的组织结构、产品结构、生产工艺、技术能力、设备类型以及售后服务等具体情况，建立一个符合本企业的质量管理体系，这不仅是企业自身的需要，而且是满足利益相关方需求的内在动力。客观来说，当一个企业建立后就已经形成了一个质量管理体系，随着企业的发展，应对质量目标和质量方针不断优化调整，企业需要不断完善自身的质量管理体系以提高企业自身的质量管理水平，从而能持续改善企业的产品质量，保证企业长远健康发展[25]。

1.3.2　质量管理工具

在建筑工程质量管理中，对建筑工程施工过程中出现的质量问题进行统计，并用合理的方法对质量数据进行分析，能够明确工程质量存在的问题和导致工程质量问题产生的主要原因，然后制定和执行改进措施来提高建筑质量水平。

质量管理七大工具又称为 QC 七大手法，是常用的统计管理方法，主要包括因果图（鱼骨图）、排列图（帕累托图）、检查表、直方图、控制图、数据分层法、散布图等[26]，如表 1.3 所示。

表 1.3　质量管理七大工具

工具	用　途
因果图(鱼骨图)	整理问题、查找原因、研究对策
排列图(帕累托图)	寻找主要问题或影响质量的主要原因
检查表	进行数据的收集和整理,并在此基础上进行原因的粗略分析
直方图	对数据加工整理,从而分析和掌握质量数据的分布状况和估算工序不合格品率的方法
控制图	分析和判断工序是否处于控制状态
数据分层法	把搜集到的数据加以分类整理
散布图	研究判断两个变量相关关系

(1)鱼骨图

由于问题的特性不同,总会受到各方面因素的影响,日本管理学大师石川馨在 1943 年发明了一种定性、非定量的鱼骨图分析法[27]。该方法是针对具体问题,通过与专家进行研讨,建立判断矩阵或者头脑风暴找出影响问题的潜在的根本原因,通过使用这种方法可以更加全面、立体地对问题产生的原因进行分析并将它们与特性值联系在一起,按特性值的相互关联性整理成层次分明、条理清楚的模型图,并标出重要因素,它是一种透过现象看本质的分析工具。

鱼骨图分析步骤如下:

① 原因剖析:通过 5M1E(人、机、料、法、环、测)几个层面对问题点进行分析→运用小组头脑风暴找出 5M1E 几个层面可能的因素→将找出的原因归类、整理,明确从属关系→分析选取重要因素。

② 绘制鱼骨图:在鱼头部填写研究对象,画出主骨(主干线)→画出大骨,填写大原因→画出中骨、小骨,填写中小原因→用特殊符号或颜色标识重要因素,如图 1.4 所示。

鱼骨图分析法现被广泛应用在质量管理、项目管理、企业管理中,并取得了良好的效果。

(2)帕累托图

帕累托图又称排列图,是质量统计的常用方法,如图 1.5 所示。其步骤是首先统计企业产品质量缺陷及频数,并按照频数多少排列次序,将质

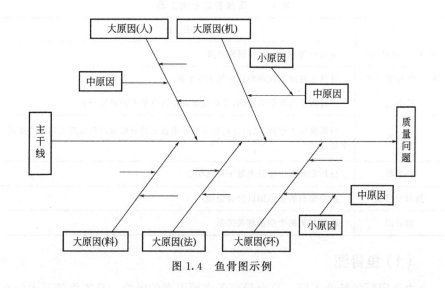

图 1.4　鱼骨图示例

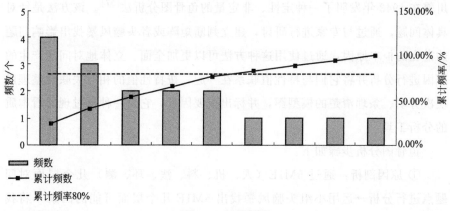

图 1.5　帕累托图

量影响因素从最重要到最次要进行排列，绘制坐标图并依次连接得到帕累托曲线，最终找出影响产品质量的主要问题，并据此提出改进问题的针对性措施。累计频率曲线分为 3 个区：0%～80% 为 A 区，所对应的因素为主要因素；80%～90% 为 B 区，所对应的因素为一般因素；90%～100% 为 C 区，所对应的因素为次要因素。其中，A 区为需要重点改进的问题。

帕累托图被广泛应用在质量管理、质量改进以及项目管理中，通过帕累托图的应用，可以直观地分析出企业存在的主要质量问题和影响产品质量的关键原因，有利于企业找准问题，进行针对性的改善[26~28]。

（3）5W1H 和 ECRS 分析法

5W1H 和 ECRS 分析法也是非常重要的质量管理方法。

① 5W1H 分析法　5W1H 分析法也叫六何分析法，是对选定的项目、工序或操作，从对象、目的、场所、时间、人员、方法六个方面提出问题进行思考[26]，5W1H 分析法具体流程见表 1.4。

表 1.4　5W1H 分析法流程

	现状如何	为什么	能否改善	如何改善
对象（What）	做什么	为什么做	可否干别的	到底该做什么
目的（Why）	什么目的	为什么是这种目的	有无别的目的	应该是什么目的
场所（Where）	在哪儿做	为什么在那儿做	能否在别处做	应该在哪儿做
时间（When）	何时做	为什么在那时做	能否其他时候做	应该什么时候做
人员（Who）	谁来做	为什么那人做	是否由其他人做	应该由谁做
方法（How）	怎么做	为什么那么做	有无其他方法	应该怎么做

5W1H 分析法广泛应用于企业管理、生产生活、教学科研等方面，这种分析法可以极大地优化工作流程，提高工作效率。

② ECRS 分析法　ECRS 分析法，即取消（Elimination）、合并（Combination）、重排（Rearrangement）、简化（Simplification）[29]。

表 1.5　ECRS 分析法

名称	具体内容
取消	看现场能不能排除某道工序，如果可以就取消这道工序
合并	看能不能把几道工序合并
重排	看能不能改变一下工序的顺序
简化	看能不能将复杂的工艺变得简单一点

ECRS 分析法的具体内容为：

取消（Elimination）：在"完成了什么""是否必要"及"为什么"等问题中没有满意答复者都属不必要，要给予取消。取消是改进的最佳方式，取消不必要的工序、操作或者动作是不需要投资的改进，是改进的最高原则。

合并（Combination）：对于无法取消者，看是否能合并，以达到省时、省力的目的。

重排（Rearrangement）：经过取消、合并后，可根据"何人、何处、何时"三种问题进行重排，使工作有最佳的顺序，除去重复，办事有序。

简化（Simplification）：经过取消、合并、重排后的必要工作，就可考虑能否采用最简单的方法及设备，以节省人力、时间及费用。

5W1H＋ECRS总体应用路径如图1.6所示。针对问题单或相应的工艺环节，首先进行总的原因提问，为什么需要这样？不做行不行？是真的有必要？假如能因此发现不需要的业务环节，则一开始就能完成很大的改善；假如无法判断当前环节是否有需要，可从其他角度自问，以获得确切的答案。接下来按照顺序从目的、场所、时间、方法等角度进行提问。在进行5W1H分析的基础上，运用ECRS四原则，寻找工序流程的改善方向，找到更好的效能和更佳的工作方法。针对业务环节本身（What），可以结合"是否可以消除（Eliminate）"来予以改善；针对"方法（How）"，则主要结合"是否可以简化（Simplify）"来进行改善；对于业务环节执行时间（When）、地点（Where）及执行者（Who）的提问中，需要结合"是否可以重排（Rearrange）""是否可以合并（Combinate）"来进行。合理化改善将从5W1H＋ECRS提问对应的

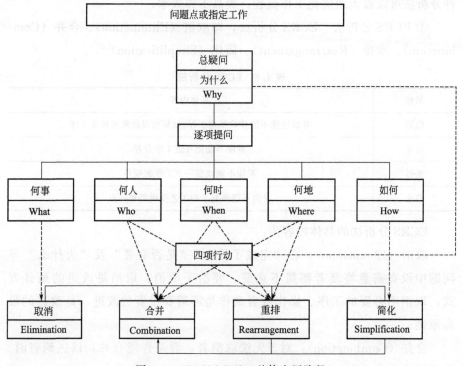

图1.6　5W1H＋ECRS总体应用路径

答案中获得创意。需要说明的是，提问必须按照顺序进行，完成一个细目之后才可以进行下一个细目。

1.4
研究内容及研究方法

1.4.1 研究内容

（1）预制构件质量问题分析

明确预制构件存在的质量问题并将其分类，在此基础上设计调查问卷，通过问卷调查来确认各类构件质量问题的根源，从"人机料法环"的角度找出其主要根源，针对质量问题主要根源，完成相应的分析改善。

（2）装配式建筑质量追溯

预制构件产品质量管理体系的研究，包括装配式建筑构件质量管理要求，设计阶段质量管理，生产阶段质量管理，企业质量管理体系，构件场地堆放质量管理，预制构件相关企业资格管理，含预制构件设计、生产、运输、安装企业资格管理等内容。

（3）装配式建筑施工质量问题研究

针对装配式建筑施工过程中产生的质量问题进行研究，基于装配式建筑工程项目的施工质量问题统计，分析装配式建筑的主要施工质量问题，对影响施工质量的因素进行分析，探索可能的技术手段及控制措施。

1.4.2 研究方法及技术路线

本书聚焦于预制构件生产与装配式建筑施工两个环节，以"现状调查—提出问题—分析问题—解决方案—应用总结"为基本研究思路，如图1.7所示。通过对装配式建筑发展历程的跟踪，了解当前装配式建筑发展脉络。基于现状调查，针对当前预制构件产品质量问题进行改善，同时，构建预制构件质量监管体系及质量追溯体系，为后续环节质量控制奠定基

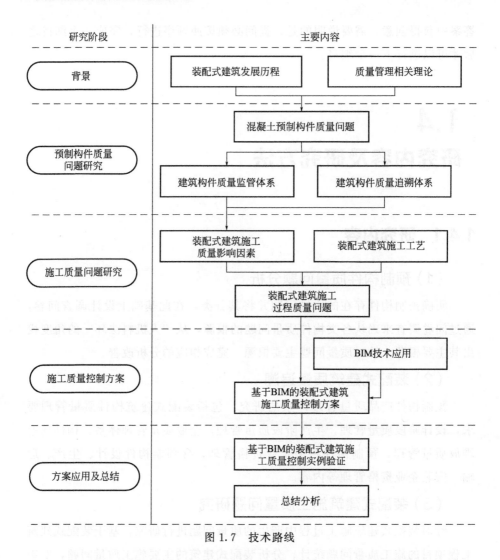

图 1.7　技术路线

础；然后，针对施工环节质量问题设计调查问卷，找出影响预制构件产品质量的因素，掌握装配式建筑的施工质量影响因素、质量控制方法，引入BIM 技术，提出装配式建筑施工质量控制方案并进行验证，最后进行总结。具体安排如下：

① 阅读相关文献、查阅资料，了解建筑产业现代化发展概况及质量管理相关理论。

② 企业调研与问卷调查，搜集构配件质量问题相关数据；向相关从业人员发放调查问卷，应用鱼骨图对引起预制构件产品质量问题的原因进行分析。

③ 运用 ECRS 分析法和 5W1H 方法，针对具体问题对人员和生产工艺流程分别进行分析和改善。

④ 分析存在的质量监管问题，提出基于 RFID 的建筑构件质量追溯机制，为后续装配式建筑建立质量运营保障体系。

⑤ 向相关从业人员发放调查问卷，搜集装配式建筑施工相关数据，利用鱼骨图对施工质量典型问题的原因进行分析。

⑥ 基于 BIM 提出相应的建筑施工质量控制解决方案并进行初步验证。

第2章
装配式建筑构成及施工工艺

2.1
装配式建筑内涵

  装配式建筑是以构件工厂预制化生产、现场装配式安装为模式，以标准化设计、工厂化生产、装配化施工、一体化装修和信息化管理为特征，整合研发设计、生产制造、现场装配等各个业务领域，实现建筑产品节能、环保、全周期价值最大化的可持续发展的新型建筑生产方式[30]。装配式建筑是建筑业、制造业、信息服务业的一次深度融合，是建造方式的革新与升级，需要建筑业格局进行重构。

  在我国建筑产业的发展过程中，先后出现了"建筑工业化""住宅产业化""建筑产业化""装配式建筑""建筑产业现代化"等概念，这些概念是在不同时期和不同社会背景下产生的，是我国建筑产业在不同的历史时期发展的重心，也蕴含了建筑产业发展的途径。

  首先，内涵不一样。建筑工业化是指按照大工业生产方式改造建筑业，使之逐步从手工业生产转向社会化大生产的过程[31]。只要建筑产品生产过程中存在机械化、标准化、集成化和装配化生产，那么就可以说是工业化生产，工业化发展途径包括施工机械化、预制装配化、现场工业化以及工业化新技术应用等。住宅产业化则是指利用科学技术改造传统住宅产业，实现以工业化的建造体系为基础，以建造体系和部品体系的标准化、通用化、模数化为依托，以住宅设计、生产、销售和售后服务为一个完整的产业系统[32]，在提高劳动生产率的同时，提升住宅的质量与品质，最终实现住宅的可持续发展。建筑产业化则强调以新型建筑工业化为核心，运用现代科学技术和现代化管理模式，实现传统生产方式向现代工业化生产方式的转变，并实现社会化大生产，从而全面提高建筑工程的效率、效益和质量。可以看出，建筑产业化已经从社会化大生产的角度来考虑建筑业的发展。建筑产业现代化是以标准化设计、工厂化生产、装配化施工、一体化装修、信息化管理为主要特征，并在设计、生产、施工、开发、维护、拆除、重建等各环节形成完整的产业链，实现建筑在全生命周期内的工业化、集约化和社会化[33]。建筑产业现代化更加关注整个建筑产业链的产业化，比建筑产业化更有针对性。装配式建筑则是指把传统建造方式中的大量现场作业工作转移到工厂进行，在工厂加工制作好建筑用构件和配件（如楼板、墙板、楼梯、阳台等），运输到建筑施工现场，通过可靠的连接方式在现场装配而成的建筑。从概念上可以看出，装配式建筑既是推进建筑产业现代化的重要内容，又是实现建筑产业现代化的技术方法、生产手段和发展途径。不同概念内涵之间的关系可以用图 2.1 来表示。

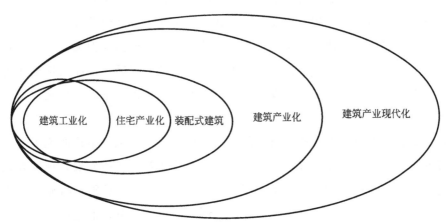

图 2.1　相关概念内涵对比

其次，各自的目标存在差异。无论是建筑工业化、住宅产业化还是建筑产业化、装配式建筑，其最终目标都是为了提高建筑质量和效益，促进建筑产业的绿色、健康、可持续发展，但在建筑产业发展的不同阶段，其侧重点有所不同。具体来说，建筑工业化主要强调对建筑业的工业化改造，其目标是实现建筑业由手工操作方式向工业化生产方式的转变；住宅产业化主要强调对住宅的产业化整合，其目标是实现住宅产业的持续健康发展；建筑产业化内涵更广，囊括了建筑工业化和住宅产业化；建筑产业现代化则强调以建筑业转型升级为目标，以科技进步为支撑，以新型建筑工业化为核心，以信息化为手段，对传统建筑业全产业链进行更新、改造和升级，全面提升建筑工程的质量、效率和效益；装配式建筑则是着力提升建筑工程的标准化、工厂化、装配化和信息化应用水平，显著提高建筑工程的一体化、集约化、现代化管理水平，全面推动生产方式的转变，推动建筑业的转型升级。

最后，包含的内容不一样。住宅产业化包含了住宅建筑主体结构工业化建造方式，同时还包含户型设计标准化、装修系统成套化、物业管理社会化等；建筑工业化则包括住宅、公共建筑物及其他建筑物生产的工业化；而建筑产业化及建筑产业现代化则比住宅产业化应用范围更加广泛，其具体内容也比建筑工业化更丰富。作为建筑产业现代化在阶段的具体展现形式，装配式建筑则侧重于"五化一体"[34]，即设计标准化、生产工厂化、现场装配化、主体装修机电一体化、全过程管理信息化，实现设计、生产、施工、运维全过程一体化。

其实，每个概念的出现都有其相应的应用背景及政策考量。在计划经济时期，我国主要提建筑工业化，旨在按照工业化方式建造住宅。众所周知，虽然这一时期建造的房屋工业化（装配化率）较高，但无论是房屋数量还是质量都难以满足人们的居住需求。改革开放以后，商品房逐渐成为住房市场的主体，独立的开发商为满足人们需求提供大量的差异化住房类型，导致房地产开发的标准化程度降低，进而也不利于工业化的实施。同时，随着预拌混凝土等相关技术的成熟，钢筋混凝土现浇结构的施工变得简单易行，装配式结构逐渐没有了市场。随着建筑产业的发展，现浇方式施工引发的各种弊端如施工污染严重、质量通病等问题愈发凸显，基于此，住房和城乡建设部提出要整合住宅产业的相关环节，推进住宅产业的健康发展。由此可以看出，发展建筑产业化是建筑生产方式从粗放型生产向集约型生产的根本转变，是产业现代化的必然途径和发展方向。2013年全国政协双周协商会上提出"发展建筑产业化"的建议，2013年年底全国建设工作会也明确提出"促进建筑产业现代化"的要求。2014年9月，住建部下发了《工程质量治理两年行动方案》，明确提出"大力推动建筑产业现代化"。由此可以看出，建筑产业现代化是建筑产业化已有内涵的拓展。

2.2
装配式建筑与传统建筑生产过程对比

传统建筑的生产方式是将设计与建造环节分开，设计阶段仅包含目标建筑体和结构设计，无法详细考虑实际建造过程中的施工规范和施工技术。装配式建筑则是设计施工一体化的生产方式，标准化的设计将构配件标准、建造阶段的配套技术、建造规范等都纳入设计方案中。在后续的施工阶段，只需进行短暂的现场装配过程，建造过程大部分是在工厂采用机械化手段和靠技术工人操作完成的，同时工厂化预制生产的构配件质量更有保障，可以尽可能地规避施工过程中的安全隐患。装配式建筑与传统建筑生产方式的差异如表 2.1 所示。

表 2.1 装配式建筑与传统建筑生产方式对比

阶段	内 容	
	传统生产方式	装配式建筑
设计阶段	不注重一体化设计,设计与施工脱节	标准化、一体化设计,信息化技术协同设计,设计与施工紧密结合
施工阶段	以现场湿作业、手工操作为主,工人技能要求低,专业化程度低	设计施工一体化,构件生产工厂化;现场施工装配化,施工队伍专业化
装修阶段	以毛坯房为主,采用二次装修	装修与建筑设计同步,装修与主体结构一体化
验收阶段	竣工分部、分项抽检	全过程质量检验、验收
管理阶段	以包代管、专业化协同弱,通过农民工劳务市场分包,设计与施工追求局部效益	工程总承包管理模式,全过程的信息化管理,项目整体效益最大化

装配式建筑不只是建筑企业乃至行业的工业化生产及其经济效益方面的问题，更涉及环境、社会效益的可持续发展。通过构件的预制化，将建筑构件或部件按一定的原则进行分类，进行工厂大规模的预制生产，实现构件的商品化产业化。产业化生产构配件，其设备精良、工艺完善、工人操作熟练，质量容易控制，构配件的质量更有保障。同时，装配式建筑构件预制化，将大部分的工作转移到工厂内，由专业的产业工人负责，从而减少了现

场的工作，可以减少施工现场的工作人员，减少施工现场钢筋、砌块等材料以及生活和施工用水的浪费，降低施工过程给周边居民带来的噪声及扬尘污染。

当然，装配式建筑具有许多现浇施工方式无可比拟的优势，但仍然存在着一些不足，比如：预制构件造价较高；室内布局不灵活；现场施工技术要求较高，需要专业施工团队进行施工；墙体接缝及其防水处理难度高等。尽管目前装配式建筑的发展还不完善，存在一些技术难题尚未解决，但是仍不失为一种优良的建筑形式。

2.3
装配式建筑常见结构形式

装配式建筑一般可以分为装配式混凝土结构、钢结构、木结构及其他结构体系。我国目前装配式建筑以钢结构和装配式混凝土结构为主，木结构及其他结构体系应用相对较少。

2.3.1 装配式混凝土结构

装配式混凝土结构是指由预制混凝土构件通过可靠的连接方式装配而成的混凝土结构。装配式混凝土建筑主要包括装配整体式框架结构体系、装配整体式剪力墙结构体系、装配整体式框架-现浇剪力墙结构体系、装配整体式框架-现浇核心筒结构体系、装配整体式部分框支剪力墙结构体系、装配式混凝土单层排架结构体系等。除此之外，还包括部分高校和企业研发的叠合板式剪力墙结构体系、内浇外挂剪力墙结构体系、水泥聚苯模壳装配式建筑体系、预制圆孔板剪力墙结构体系等。重点体系如表 2.2 所示。

表 2.2　装配式混凝土结构

结构形式	特点	应用领域
装配整体式框架结构	全部或部分框架梁、柱采用预制构件和预制叠合楼板，现场拼装后浇注叠合层或节点混凝土形成的混凝土结构。平面布置灵活，造价低，使用范围广泛	多层工业厂房、仓库、商场、办公楼等

续表

结构形式	特点	应用领域
装配整体式剪力墙结构	全部或部分剪力墙采用预制墙板建成。住宅户型灵活布置,房间内没有梁、柱棱角,综合造价较低	高层住宅及公寓
装配整体式框架-现浇剪力墙结构	全部或部分框架柱、梁采用预制构件和现浇混凝土剪力墙建成。布置灵活,使用方便,又有较大的刚度和较强的抗震能力	高层办公建筑及旅馆
装配整体式框架-现浇核心筒结构	装配整体式框架-现浇核心筒结构体系	多层、高层办公建筑及旅馆
装配整体式部分框支剪力墙结构	部分框支剪力墙指地面以上有部分框支剪力墙的剪力墙结构,有较大的刚度和较强的抗震能力	底部带商业的多层、高层公寓及旅馆
装配式混凝土单层排架结构	排架结构由屋架或屋面梁、柱和基础组成,一般排架柱与屋架或屋面梁为铰接,而与基础为刚结。易形成高大空间,内部交通运输方便,工期短,装配率及预制率高	工业厂房、简易建筑

　　装配整体式混凝土结构是我国建筑结构发展的重要方向之一,20世纪80年代之前,我国主要借鉴苏联和东欧的技术体系,装配式混凝土结构住宅以装配式大板结构为主,技术体系、材料工艺及施工质量等多方面的问题导致房屋质量存在诸多问题,且当时装配式混凝土结构也存在成本偏高、形式单一等问题。随着商品混凝土技术、现浇施工技术的普及,以及现浇结构的建筑平立面布置灵活、无接缝漏水、成本低等优势的突显,使现浇结构迅速取代了装配式混凝土结构,导致装配式结构在我国的应用比例直线下降;21世纪初,尤其是近十年,由于劳动力数量不断减少,相关建造成本不断上升,结构设计技术、材料技术、施工技术也不断进步,再加上建筑业"四节一环保"等可持续发展要求,作为装配式建筑主要结构形式的预制混凝土结构又开始发展起来。装配式混凝土建筑主要特点如下[33,35~37]。

　　① 施工周期短。大量建造步骤可以在厂房里进行,不受天气影响,现场安装施工周期大幅缩短,在施工过程中运用装配式工法,可以极大地提高施工机械化的程度,缩短施工周期,而且可以降低在劳动力方面的资金投入,同时降低劳动强度。

　　② 降低环境负荷。由于在工厂内已完成大部分预制构件的生产,现场作业量降低,使生产过程中的建筑垃圾大量减少。在现场预制构件不仅可以去掉泵送混凝土环节,有效减少噪声污染,而且装配式施工高效的施工速

度、夜间施工时间的缩短，可以有效减少光污染。

③ 减少资源浪费。装配式建筑需要的预制构件，一般是在工厂内流水作业生产，生产机器和模具等资源可以循环利用，从而可以极大地减少资源消耗。而且，在施工现场只有拼装与吊装这两个环节，模板和支撑的使用量及相关工作量会大大降低。

④ 结构质量有保证。采用工业化、机械化、自动化、信息化管理的流水线生产，能有效避免施工现场人为因素造成的破坏及施工中不规范行为，为质量控制奠定良好的基础。

2.3.2 钢结构建筑

钢结构主要由型钢和钢板等制成的梁钢、钢柱、钢桁架等构件组成，各构件或部件之间通常采用焊缝、螺栓或铆钉连接。目前，装配式钢结构建筑主要包括[38]钢框架结构体系、钢框架-支撑结构体系、钢框架-剪力墙结构体系和钢框架-混凝土核心筒结构体系等，其自重较轻，且施工简便。改革开放以来，国内土木工程建设迅猛发展，高层建筑数量增多，混合结构广泛应用于高层和超高层、大跨度建筑领域，如大型厂房、场馆、超高层等，钢结构建筑重点体系如表 2.3 所示。

表 2.3 钢结构建筑典型结构形式[39,40]

结构形式	特点	应用领域
钢框架结构	采用钢梁和钢柱形成的框架作为抗侧力体系，强度高，自重轻，刚度大，塑性和韧性好，能很好地承受动力荷载，但耐火性和耐腐蚀性较差	用于建造大跨度和超高、超重型的建筑物
钢框架-支撑结构	在钢框架结构的基础上，通过在部分框架柱之间布置支撑来提高结构承载力及侧向刚度	多层及中高层住宅
钢框架-剪力墙结构	将钢框架及钢板剪力墙作为抗侧力体系的结构形式，既有框架结构平面布置灵活、有较大空间的优点，又有侧向刚度较大的优点	高层住宅
钢框架-混凝土核心筒结构	将密钢柱和深钢梁形成的筒体作为主要抗侧力体系的结构形式，整体稳定性好，耐久性好，承载力高，用钢量少，造价低，自重较混凝土轻，占地面积小	多层、高层办公建筑及旅馆

钢结构建筑特点包括[33,38,41]：

① 与装配式混凝土结构相比，钢结构建筑具有生产简便、环保、可再回收利用的特点，有助于减少建筑垃圾的产生，符合健康、绿色、可持续发

展的方针。发展装配式钢结构建筑能带动相关的建筑材料、冶金化工和机械等产业的发展，提高建设水平和居民居住水平，促进国民经济的增长。同时，基于大量的工程实践，目前我国装配式钢结构体系研究相对完善，国家及行业规范规程体系相对完整，推广钢结构对我国装配式建筑发展有着积极作用[30]。

② 自重轻、承载力高、抗震性能优越。装配式钢结构的主要承重构件均采用薄壁钢管和轻型热轧型钢，截面受力更加合理，单位质量较轻。同时，墙体和楼面均采用轻质材料，在相同荷载作用下，可减轻建筑结构自重30%以上，质量是钢筋混凝土住宅的1/2左右，这使得装配式钢结构在地震中承受的震动作用较小，能充分发挥钢材强度高、延性好、塑性变形能力强的特点，大大提高建筑的安全可靠性。同时，较轻的质量可以降低基础造价以及运输、安装等费用。

③ 绿色、环保、节能与可持续发展。与传统混凝土结构不同，装配式钢结构在生产、建造过程中不会产生大量的废料污染环境，工厂加工，现场装配，在降低能耗的同时，减少了现场工作量与施工噪声。此外，装配式钢结构改建和拆迁容易，材料的回收和再生利用率高，可实现建筑异地再生，是真正意义上的绿色建筑。

④ 建造周期短、产品质量高。由于装配式钢结构具有工厂预制、现场安装的特点，前期设计和现场的生产手段结合紧密，便于各工种之间协调一致，能够有效提高整体效率。

⑤ 实现工程建设的工业化和产业化。与混凝土结构建筑相比，钢结构建筑更容易实现设计的标准化与系列化、构配件生产的工厂化、现场施工的装配化、完整建筑产品供应的社会化。所有部件均可采用工业化生产方式，实现技术集成化，提高住宅的科技含量和使用功能。

⑥ 综合经济效益高。钢结构承载力高，构件截面小，节省材料；结构自重小，降低了基础处理的难度和费用；装配式钢结构部件工厂流水线生产，减少了人工费用和模板费用等。

2.3.3　钢-混凝土混合结构建筑

钢-混凝土混合结构一般指由钢框架与钢筋混凝土筒体或墙体通过合理的方式灵活组成的性能优越的混合结构体系[42]，其中分别采用钢构件、混凝土构件或全部或部分组合构件，如钢骨混凝土柱、钢骨混凝土梁等，在钢与混凝土组合之后，其整体结构的工作性能，与两者各有性能的简单叠加相比，有显著提高。与全钢结构相比，具有节省型钢、减少防火处理、减小钢框架现场焊接工作量、减轻施工难度及降低工程造价等特点；与混凝土结构相比，又具有减轻结构自重、节约基础造价、加快施工速度等优点，经过数十年科研及工程实践，钢-混凝土混合结构的设计加工及施工技术都已成熟[43~45]，被广泛地应用于大型公共建筑及特殊、重载、复杂工业结构。钢-混凝土混合结构具体又可分为框架-核心筒结构、巨型柱框架-核心筒结构、筒中筒结构等，如表 2.4 所示。

表 2.4　钢-混凝土混合结构

结构形式	特点	应用领域
框架-核心筒结构	框架剪力墙结构的一种特例，具有协同工作的特点，其中核心筒承担绝大部分的剪力，而外周的框架对确保结构的整体性并承受竖向荷载也起着重要的作用	用于建造大跨度和超高、超重型的建筑物
巨型柱框架-核心筒结构	通过设置少量巨型组合柱，使带伸臂桁架的框架-混凝土核心筒体系的侧向刚度得以进一步提高。巨型组合柱与外伸臂桁架的有效结合，可提高整体结构的抗侧力效率，对环带桁架的依赖程度也大大降低。使用的灵活性、造价的经济性和建造的便利性使其具有很好的竞争优势	超高层建筑
筒中筒结构	当结构内部及外部同时布置筒体时形成筒中筒结构。筒中筒结构的外筒可以是由密柱深梁组成的钢（型钢）框筒，也可以是桁架筒或交叉柱组成的网格筒，而内筒既可以是桁架筒，也可以是钢筋混凝土筒体	高层住宅

钢-混凝土组合结构源于 20 世纪初期，到了 20 世纪 50 年代已基本形成相对独立的学科体系，在第二次世界大战结束后，为恢复战争破坏的房屋和桥梁，大量应用了钢-混凝土组合结构，以加快重建的速度，钢-混凝土组合结构在高层建筑、桥梁工程中得到广泛的应用。1968 年 5 月，日本发生 7.9 级的地震，由于震前连续几天下雨，因此土结构建筑破坏占很大比例，而采用钢-混凝土组合结构修建的房屋，其抗震性能良好，于是钢-混凝土组合结构在日本的建筑业中有了较为迅速的发展。

20 世纪 90 年代以后，混合结构在世界范围得到了广泛的应用，世界高层建筑与城市住宅委员会发布的世界上最高的 100 幢建筑名单中，钢-混凝土混合结构有 32 幢，并且其比例还有不断上升的趋势[46]。现有的研究成果和大量的工程实践均表明，钢-混凝土混合结构具有良好的抗震抗风性和较好经济性，在高层及超高层结构中将具有广阔的应用前景。

2.3.4　木结构建筑

现代木结构建筑是绿色建筑中最具代表性的一种建筑。所谓木结构是指以各种木质人造板材或经过处理的原木、锯木为建筑的结构材料，以木质或其他建材为填充材，并以木构件或钢构件为连接材料建造的工程构造物[47]，多用在民用和中小型工业厂房的屋盖中。

在美国、加拿大等发达国家，木结构已成为建筑行业的主导，被广泛应用于建造住宅、旅馆。在芬兰等国，甚至 90％以上是以木结构为主体的建筑[48]。我国的木结构建筑历史可以追溯到 3500 年前。中华人民共和国成立后，砖木结构凭借就地取材、易于加工的突出优势，在当时的建筑中占有相当大的比重。20 世纪七八十年代，由于林业资源的急剧下降及工业化背景下钢铁、水泥产业的大发展，我国传统木结构建筑应用逐年减少。加入 WTO后，随着现代木结构建筑技术的引入，我国的木结构建筑开始了新一轮发展。

现代木结构具有节能、环保、抗震性好、施工安全、速度快、使用寿命长、防潮、防虫及透气性好等优点，但同时木结构也有很多缺点：易遭受火灾，雨水腐蚀，相比砖石建筑维持时间不长；梁架体系较难实现复杂的建筑空间等。

2.3.5　其他形式装配式建筑

（1）多层板式快装建筑

多层板式快装建筑由预制的大型内外墙板、楼板和屋面板等板材装配而成，又称大板建筑，是工业化体系建筑中全装配式建筑的主要类型[33]。板材建筑可以减轻结构重量，提高劳动生产率，扩大建筑的使用面积和防震能力。板材建筑的内墙板多为钢筋混凝土的实心板或空心板；外墙板多为带有保温层的钢筋混凝土复合板，也可为用轻骨料混凝土、泡沫混凝土或大孔混凝土等制成带有外饰面的墙板。建筑内的设备常采用集中的室内管道配件或盒式卫生间等，以提高装配化的程度。大板建筑的关键问题是节点设计，在结构上应保证构件连接的整体性（板材之间的连接方法主要有焊接、螺栓连接和后浇混凝土整体连接），在防水构造上要妥善解决外墙板接缝的防水，以及楼缝、角部的热工处理等问题。大板建筑的主要缺点是对建筑物造型和布局有较大的制约性，小开间横向承重的大板建筑内部分隔缺少灵活性。

（2）盒子结构建筑

盒子结构建筑是在板材建筑的基础上发展起来的一种装配式建筑，这种建筑工厂化的程度很高，现场安装快。一般在工厂内不仅完成盒子的结构部分，而且内部装修和设备也都安装好，甚至可连家具、地毯等一概安装齐全。盒子吊装完成、接好管线后即可使用。盒式建筑的装配形式有[49,50]：

① 全盒式。完全由承重盒子重叠组成建筑。

② 板材盒式。将小开间的厨房、卫生间或楼梯间等做成承重盒子，再与墙板和楼板等组成建筑。

③ 核心体盒式。以承重的卫生间盒子作为核心体，四周再用楼板、墙板或骨架组成建筑。

④ 骨架盒式。用轻质材料制成许多住宅单元或单间式盒子，装配在承重骨架上形成建筑。

盒子建筑工业化程度较高，施工方便、建设周期短、造价相对较低、产品质量易于控制、抗震性能好、有标准化的模块式空间，但投资大，运输不便，且需用重型吊装设备，因此，发展受到限制。

2.4
装配式建筑施工工艺及质量控制要点

2.4.1 装配式建筑施工工艺

装配式建筑结构形式多样，材料不同，技术体系不同，其施工工艺在符合装配式建筑总体特征的前提下也有所不同，下面以装配式混凝土建筑的施工工艺为例简述。

装配式混凝土建筑施工工艺主要分成基础工程、主体结构工程、装饰工程三个部分。基础工程部分与装饰工程部分与现浇式建筑大体相同，主要对主体结构部分进行介绍。主体结构部分的工艺包括[51]：构（配）件工厂化预制、运输、吊装；构件支撑固定；钢筋连接、套筒灌浆；后浇部位钢筋绑扎、支模、预埋件安装；后浇部位混凝土浇筑、养护。如图2.2所示。

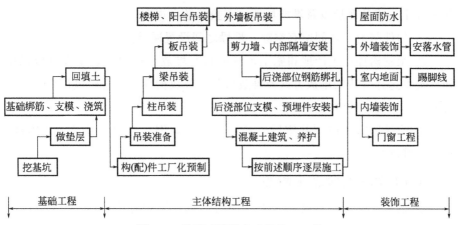

图 2.2 装配式混凝土建筑施工工艺

2.4.2 质量控制要点

装配式建筑的质量控制是一个严格的过程，涉及多个环节，从设计、预制构件生产、运输到现场安装施工等。只有加强构件在工厂预制、起运、道路运输、现场卸货、现场吊装等阶段的质量控制，才能最终达到控制整个工程质量的目标。各个环节质量控制要点具体如下[52~54]。

（1）设计阶段

① 在施工图设计时，需要明确装配式建筑结构的类型，预制构件的部位、种类、预制装配率，预制构件之间、预制构件与主体结构现浇之间的构造做法等；同时，还需要考虑构件的起吊吊点、施工机械扶墙预埋件、脚手架拉结点等，既要方便构件生产，又要便于现场施工。

② 在深化图设计阶段，需要设计预制构件设计详图、构件模板图、配筋图、预埋件设计详图，同时，还要出具构件连接构造设计详图、装配详图、施工工艺要求等。

（2）预制构件生产阶段

① 编制预制构件生产方案。

② 对原材料进行检测，对隐蔽工程和检验批等进行验收。

③ 对预制构件进行标识，提供预制构件完整的出厂检验质量证明文件。

（3）运输物流阶段

① 预制构件的堆放和运输需要制定相应的方案，对时间、次序、线路、

构件固定、成品保护以及堆放场地、支垫等做出规定。

② 构件与地面之间留有空隙，堆垛之间设置通道。

③ 预制构件在生产地和施工现场的临时堆放、运输时装车堆放应根据构件类型选择合适的堆放方式及堆放层数，竖放构件应设置经过计算、连接可靠、牢固稳定的斜支撑。

④ 构件运输前应绑扎牢固，预防移动或倾倒，对构件及其上的附件、预埋件等进行保护。

（4）现场安装施工阶段

① 施工单位必须对进入施工现场的每批预制构件进行全数质量验收，验收合格后方可使用。

② 控制好预制构件相应的标高和轴线，做好构件临时支撑体系和辅助作业设施的搭设。

③ 预制构件的连接包括预制构件之间的连接、预制构件与后浇结构之间的连接。

（5）验收阶段

① 预制构件验收时，需要注意预制构件的外观质量不能有严重缺陷，不能有影响结构性能和使用功能的尺寸偏差；预埋件、插筋等位置和数量符合设计要求；预留吊环、预留焊接件应安装牢固。

② 构件安装验收，需要确认预制构件安装临时固定及排架支撑安全可靠，符合设计及规范要求；构件与构件、构件与结构之间的连接符合设计要求；钢筋接头灌浆料配合必须符合使用说明书要求；钢筋接头灌浆料饱满，从溢浆孔流出，溢浆孔使用专用堵头封闭。

③ 节点与接头验收时，需要确认节点与接头构造混凝土强度符合设计要求，混凝土饱满、密实。

④ 隐蔽工程验收时，需要确认预制构件与结构结合处钢筋及混凝土的结合面，结构预埋件、钢筋接头、套筒灌浆接头，预制构件接缝处理等符合要求。

第3章
混凝土预制构件质量问题分析

3.1
预制构件行业发展概况

我国预制构件的生产应用自 20 世纪 50 年代开始至今，已有 60 多年。其间，预制构件的发展可谓是一波三折，其发展历程可以分为三个阶段。

第一阶段：20 世纪 50 年代至 80 年代。这个阶段我国预制构件企业经历了由萌芽到快速发展。随着小型预制构件的出现，城乡也涌现了大量用于民用建筑（如空心板、平板、檩条、挂瓦板）和工业建筑（如屋面板、F 形板、槽型板）的预制构件厂，预制构件行业逐步形成。在相关政府机构的大力倡导及推行下，大批混凝土大板厂和框架轻板厂开始建设，预制构件行业也不断得到推广和深化，迎来了发展热潮[55]。80 年代中期我国构件行业进入鼎盛时期，预制构件厂蜂拥而出，不同类型的预制构件厂达数万个。这一时期，民用建筑预制构件主要的种类为外墙板、预应力大楼板、预应力圆孔板、预制混凝土阳台等。在生产技术层面，我国预制件经历了技术手段由低到高不断发展和完善的过程，主要表现在从最初的以手工生产为主，到机械辅助生产，如机械搅拌及成型，最后到机械化程度很高的流水线生产。

第二阶段：20 世纪 90 年代。这一时期，城市的大中型构件厂大多已到了无法维持的地步，民用建筑上的小构件生产已让位于乡镇小构件厂。与此同时，某些乡镇企业生产的劣质空心板充斥了建筑市场，影响了预制构件行业的形象。1999年后，一些城市相继下令禁止使用预制空心楼板，一律改用现浇混凝土结构，给预制构件行业沉重的打击[56,57]，预制构件行业到了生死存亡的关头。

第三阶段：进入21世纪直到现在。进入21世纪，面对与传统建筑生产方式相伴的建筑资源能耗高、生产效率低下、工程质量和安全堪忧、劳动力成本逐步升高、资源严重短缺等问题，人们发现现浇结构体系已经不符合时代的发展要求[58]。对于日益发展的我国住宅与建筑市场，现浇结构体系所存在的弊端趋于明显化。面对这些问题，近年来，在政府鼓励和引导下，装配式建筑得到了进一步发展，采用预制构件的结构体系增加，混凝土预制构件类型丰富，生产设备及生产技术的工业化程度提高，法规体系逐渐完善[59~62]。

各地区装配式建筑结构类型要求各有差异，重点区域和城市主要采用钢筋混凝土结构，2018年占90%以上，逐年下降，到2025年达到75%以上；钢结构2018年占10%以下，逐年上升，2025年达到25%以上[63]。各地装配式建筑市场未来需求发展呈现不均衡态势，其中，北京、上海市场需求处于领先位置，市场需求量逐年增长；南京、杭州、成都、武汉市场需求增长较快；郑州、沈阳、无锡、东莞需求量相对较低。以建设混凝土预制构件（PC）工厂和落实示范工程为突破口，全国各地掀起了推进装配式建筑的发展热潮，形成了我国建筑产业现代化的全新发展局面。

随着装配式建筑进一步推广，全国各地混凝土预制构件企业已经陆续建成投产，尤其是以上海、北京、深圳等大城市为引领，迅速拓展到中东部的大中城市。近几年，我国预制混凝土工厂数量呈爆发式增长[64]。

从区位上看，我国东部沿海地区发展较快，主要分布在山东、江苏、浙江等地；其次为以北京为中心的京津冀地区；以沈阳、大连、长春为中心的东北工业区也是我国建筑产业现代化发展较快的地区[6]。山东省目前为我国混凝土预制构件生产工厂分布最多的省份。

我国混凝土预制构件行业正经历着深刻的变化。目前我国预制构件行业的主要特点可以概括为：行业规模不大，市场地位不高；市场竞争激烈，产业升级困难；产品种类较多，技术含量有限；经营状况一般，面临压力不小。

3.2

预制构件类型

　　按照 JGJ 1—2014《装配式混凝土结构技术规程》，在现场或工厂预先制作的构件为建筑构件。建筑部品是具有相对独立功能的建筑产品，是由建筑材料、单项产品构成的部件、构件的总称，是构成成套技术和建筑体系的基础[65]。部品体系按照建筑（住宅）部位分为结构部品、外围护、内装、厨卫、设备、智能化、小区配套七大部品体系。构件与部品是两个紧密联系而又有区别的概念，相同的是两者都是预制，不同的是建筑部品强调两个或两个以上单一产品复合而又有某种功能，而构件只能是单一产品。

　　作为装配式建筑的主要基础和关键结构组成部分，建筑混凝土预制构件是以混凝土为基本材料在工厂由工人操作专门机械设备进行制作加工，然后运到施工现场进行装配[8]。本书所提及的混凝土预制构件，除特殊说明外，特指运用现代化的工业生产技术生产出来的用于建筑的结构部品与构件，如外挂墙板、保温墙、预制板、叠合梁、预制楼梯、叠合楼板等。按照组成建筑的构件特征和功能划分，装配式混凝土结构建筑的预制构件如下：

　　① 预制墙体，包括预制剪力墙、预制外挂墙板、预制夹心保温外墙、预制内隔墙板、预制混凝土条板等。

　　② 预制楼板，包括预制实心板、预制叠合楼板、预制阳台等。

　　③ 预制楼梯，包括预制楼梯段、预制休息平台等。

　　④ 预制梁，包括预制实心梁、预制叠合梁、预制 U 形梁等。

　　⑤ 预制柱，包括预制实心柱、预制空心柱等。

　　⑥ 其他预制构件，包括预制整体厨房、预制整体卫生间、预制阳台栏板、预制走廊栏板、预制花槽、预制飘窗、预制空调板、预制转角外墙等。

　　各种预制构件根据工艺特征不同，还可以进一步细分，例如，预制叠合楼板包括预制预应力叠合楼板、预制桁架钢筋叠合楼板，预制实心剪力墙包括预制钢筋套筒剪力墙、预制约束浆锚剪力墙、预制浆锚孔洞间接搭接剪力墙等，预制外墙从构造上又可分为预制普通外墙、预制夹心保温外墙等。

3.3
预制构件一般生产工艺

混凝土预制构件的种类不同，其生产工艺也会有所不同，如预制夹心保温外墙板的生产工艺流程为：模台、模具、钢筋等准备→混凝土布料、振捣、养护→拆模、转运。

模台、模具、钢筋等准备工序主要有：清洗模台，在检查合格后，使用吊车将模具吊运到模台上，依据图纸进行模具的拼装，拼装完成后，一定要严格测量合模尺寸，然后根据模具使用情况涂刷脱模剂。在模具拼装过程中进行钢筋的绑扎，待拼装完成后进行钢筋的下料（图 3.1）。

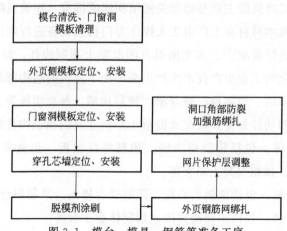

图 3.1　模台、模具、钢筋等准备工序

混凝土布料、振捣、养护工序主要包括（图 3.2）：首先进行外页墙板的混凝土下料浇筑，振捣密实之后，拆除埋件吊模，进行保温板下料铺设，然后进行内页侧模的定位安装以及埋件、吊钉、线管、线盒等附件的定位、安装，进行内页混凝土下料，振捣密实之后进行混凝土收面，完成后进入预养窖预养，最后进入蒸养库预养。

拆模、转运工序主要工作包括（图 3.3）：首先拆模（吊模和沉头垫圈、模盒连接螺栓），然后拆除内、外页以及洞口模板，水平吊起脱出穿孔芯棒，冲洗缓凝剂形成粗糙面，立起、临时修补、码放，最后进行构件的转运。

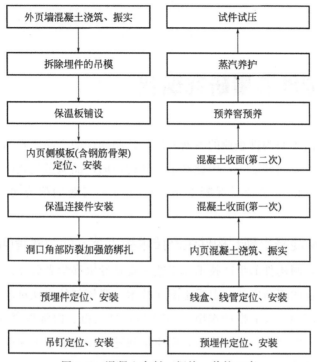

图 3.2 混凝土布料、振捣、养护工序

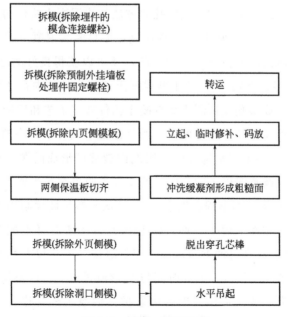

图 3.3 拆模、转运工序

3.4
预制构件质量研究现状

随着我国预制构件企业的不断发展，预制构件的产品质量问题成为制约企业发展的主要问题之一，因此对于预制构件的产品质量问题研究成为行业关注的重点。国内学者对混凝土预制构件质量问题的研究可以分为两个方面。

（1）从混凝土预制构件生产技术和工艺方面对质量问题的研究

混凝土预制构件的生产技术和工艺一直是专家和学者研究的重点，随着预制构件企业的不断发展，混凝土配比技术、脱模剂的出现对改善预制构件的生产工艺起到积极的推动作用。1978 年，吴兴祖、白常举[66]针对预制混凝土构件存在的"水分的变换和表面质量问题"提出采用干硬性混凝土以消除沉缩，或者是用真空作业工艺把多年的水分抽吸出来，但这两种方法都要求具备一定的机械设备条件；1980 年，唐润顺、陈世忠[67]针对预制混凝土构件表面存在裂纹，提出用火焰穿孔的方法加快混凝土构件的穿孔速度和提高穿孔质量；2003 年，张日红[68]等通过免振自密实混凝土的应用，可以使混凝土获得优越的填充性能、流动性能，还可以获得良好的施工操作性能；2007 年，黄龙显、潘颖[69]针对小型混凝土预制构件的内在和外观质量，介绍了一次性冲压成型塑模预制小型混凝土构件施工工艺和质量控制要点，通过使用该工艺不仅提高了施工效率，而且保证了构件的内在质量；2009 年，梁冠成[70]针对混凝土预制构件生产周期内裂缝的形成问题，提出控制混凝土原材料质量、调整混凝土配合比、使用好的脱模剂等改善措施，取得了一定的效果；2016 年，刘书程、王宁宁[71]等从生态护坡预制构件 C40 自密实混凝土材料组成和性能着手，通过试验探究自密实混凝土配合比设计参数（胶凝材料用量、掺合料种类与掺量、碎石级配、砂率以及用水量）对混凝土坍落度、坍落度扩展度、T50 时间与 V 形流过时间、U 形箱 Δh 等新拌性能的影响，得到了最佳工作性能的生态护坡混凝土配合比，并结合实际生产，改善了之前的浇筑工艺，改善了构件外观质量，延长了模具使用寿命。

（2）混凝土预制构件生产质量管理体系方面研究

20 世纪 80 年代，国内学者开始对混凝土预制构件质量管理体系进行研究，随着行业的不断发展，预制构件企业质量管理体系越来越完善。1980 年，陆廷超[72]对混凝土预制构件的质量管理系统进行分析，借助质量管理图来分析当前的生产情况，针对具体的质量问题提出了混凝土强度，钢筋对焊、点焊质量是影响构件生产质量的关键因素；1992 年，金孝权[73]针对预制构件存在的质量问题从原材料的影响、生产过程中质量控制不严以及检验制度不健全三个方面进行分析，提出了增强质量意识，提高员工素质等措施，在一定程度上促进了企业质量管理理念的发展；2002 年，赵美华、陈龙敏[74]结合企业实际情况，从企业管理中提出树立质量意识，从技术管理中提出加强员工素质、提高员工职业技能，从设备管理中指出对设备及时维修维护的重要性，这种质量管理理念的提出对企业的长远发展起到了非常积极的作用；2003 年，刘志杰、陈建坤[75]等对乡镇预制混凝土构件质量监督管理进行探讨，针对企业在质量监督方面存在的问题，提出加强对企业的质量行为监督，严格培训上岗制度，推行例会制度，召开现场质量会等措施，对完善监督体系起到推动作用；2013 年，胡珉、陆俊宇[76]尝试将 RFID 标签嵌入预制混凝土构件中，实现生产全过程跟踪，并结合移动设备、互联网和数据库技术设计了预制混凝土构件的生产智能管理系统，系统对构件生产实施全程进度和质量管理，同时进行质量动态预警和生产计划调整，这有效地解决了因预制混凝土构件生产地点分散导致的质量和进度控制难题；2016 年，刘敬爱[77]指出从预制构件生产企业角度出发，分析建筑部品（构件）在深化设计、构件生产、运输与堆放阶段的主要风险因素，提出通过完善设计标准化、模块化解决深化设计问题，通过建立健全内部管理制度解决生产过程实施风险，通过完善质量政策法规，防控装配式建筑部品（构件）生产质量风险等建议措施；2017 年，王爱玲[78]从设计单位、生产厂家以及驻厂监理三个角度对预制构件的质量进行了探讨，提出了在企业内部监理质量保证体系。

综上所述，国内学者对混凝土预制构件生产技术和生产工艺的研究不断深入，预制构件企业质量管理体系日益完善。随着装配式建筑的进一步发展，企业对混凝土预制构件的产品质量要求越来越高，因此本书还需要在已有基础上对混凝土预制构件产品质量做进一步研究，通过改善混凝土预制构件的产品质量，可以降低企业成本，提高企业的经济效益，促进建筑业持续健康发展。

3.5
某预制构件质量问题分析实例

3.5.1 产品概况

山东某公司是我国最早从事建筑产业化领域装配式建筑体系研究、产品开发、制造、施工的高新技术企业。公司的主要产品分类和 PK 快装结构体系，如图 3.4、图 3.5 所示。该公司生产基地共有两条生产线，每条生产线有60 张模台，主要生产预制墙板和叠合板两大类混凝土预制构件，主要产品包括预制剪力墙、预制外挂墙板、预制夹心保温外墙板、预制内隔墙板、预制混凝土桁架叠合板、PK 预应力混凝土叠合板，具体如图 3.6～图 3.11 所示。

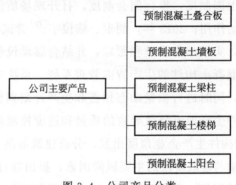

图 3.4 公司产品分类

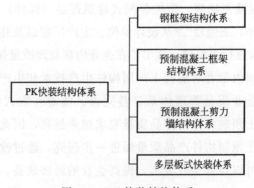

图 3.5 PK 快装结构体系

图 3.6　预制剪力墙

图 3.7　预制外挂墙板

图 3.8　预制夹心保温外墙板

图 3.9 预制内隔墙板

图 3.10 预制混凝土桁架叠合板

图 3.11 PK 预应力混凝土叠合板

3.5.2 预制构件质量问题统计分析

（1）预制构件质量问题及其分类

数据来源于企业每周生产例会、质量专题研讨会会议纪要、生产质量周报、生产质量月报、售后服务单、质量反馈表等书面文件，时间跨度是 2019年 7 月~2019 年 10 月共计 4 个月，产品不合格率达到 3.00%，如表 3.1 所示。

表 3.1　2019 年 7 月~2019 年 10 月构件统计表

月份	产量/块	质量问题/块	百分比
7 月	1767	62	3.51%
8 月	1864	54	2.90%
9 月	928	22	2.37%
10 月	1645	48	2.92%
合计(4 个月)	6204	186	3.00%

产品质量主要问题如下。

① 预制墙板表面存在蜂窝、麻面、裂纹，影响墙板外观质量和性能，情况严重的构件需返厂维修，导致企业成本上升，影响企业经济效益，同时也会对企业的信誉造成不利影响（图 3.12、图 3.13）。

图 3.12　预制墙板蜂窝

② 预制叠合板缺角掉棱，表面有严重刮伤以及叠合板表面粗糙，不仅影响构件的外观质量，而且增加现场吊装施工的工作量，影响工期（图 3.14、图 3.15）。

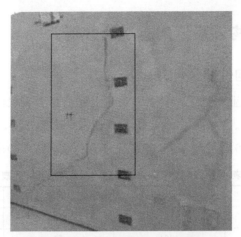

图 3.13　预制墙板麻面、裂缝

图 3.14　预制叠合板表面粗糙有裂纹

图 3.15　预制叠合板缺角掉棱

　　③外漏钢筋发生弯折和位移，往往会增加吊装及施工的难度，影响施工进度（图 3.16）。

图 3.16　钢筋弯折

　　产品质量问题影响企业的生产效率和效益，对企业的长远发展会造成不利的影响，因此找出影响产品质量问题的原因，提出改善措施，是企业关注的重点，也是需要继续研究的内容。结合搜集到的数据，对企业出现的混凝土预制构件质量问题按照质量问题表现进行分类，如预制墙板存在蜂窝、麻面，预制叠合板表面存在细纹，预制叠合板缺角掉棱等质量问题，统计质量问题发生的频数，如表 3.2～表 3.4 所示。根据产品质量问题统计数据，可以得出预制墙板、预制叠合板和墙板叠合板共同问题的帕累托图，如图 3.17～图 3.19 所示。

表 3.2　预制墙板质量问题汇总表

序号	质量问题	频数	百分比	问题表现及后果
1	蜂窝、麻面	22	43.14%	墙板表面存在一些蜂窝、麻面。影响墙板外观质量和性能,情况严重的构件需返厂维修,造成企业成本上升
2	毛刺	15	29.41%	毛边处理不干净,有水泥毛刺。影响质量外观以及构件在施工现场的吊装,对企业的信誉和效益造成影响
3	连接件压断	9	17.65%	保温墙板的保温连接件由于压力太大被压断。影响构件的保温性能,施工单位不接受,从而造成企业成本的上升
4	预留槽翘起	5	9.80%	墙板预埋的水电预留槽翘起、预留槽移位、预留槽固定不稳定。现场施工无法正常进行,构件返厂导致成本上升

表 3.3　预制叠合板质量问题汇总表

序号	质量问题	频数	百分比	问题表现及后果
1	缺角掉棱	20	39.22%	叠合板缺角掉棱,表面有严重刮伤。影响构件的外观质量,增加现场吊装施工的难度,对企业造成不良影响
2	细纹	17	33.33%	叠合板表面存在裂纹、细纹。影响墙板外观质量和性能,情况严重的构件需返厂维修,造成企业成本上升

续表

序号	质量问题	频数	百分比	问题表现及后果
3	平整度较差	9	17.65%	叠合板表面平整度较差、粗糙。影响构件观感和构件的性能
4	预留孔洞偏小	5	9.80%	叠合板预留孔洞偏小。现场施工无法正常进行,情况严重的需返厂维修,增加了企业的成本

表 3.4 预制墙板与叠合板共性问题

序号	质量问题	频数	百分比	问题表现及后果
1	外漏钢筋弯折	27	55.10%	外漏钢筋发生弯折和位移。增加吊装难度,影响施工单位的进度,对企业造成不良影响
2	构件附件不全	8	16.33%	预埋螺栓遗漏,注浆管遗漏,梁筋锚板遗漏。施工单位在吊装完成后,无法进行下一步工作,返厂维修增加了企业成本
3	钢筋不洁	6	12.24%	钢筋表面存有油污、锈蚀,在钢筋下料过程中,可能会沾上油脂(脱模剂)。影响钢筋的使用性能
4	混凝土脱浆	4	8.16%	混凝土在转运和下料过程中容易造成混凝土的脱浆和离析。影响构件的质量,成品验收时会导致检验不过关,成为废品,增加企业生产成本
5	构件尺寸	4	8.16%	叠合板尺寸与设计尺寸不符。运输到现场之后尺寸不符合要求,无法吊装

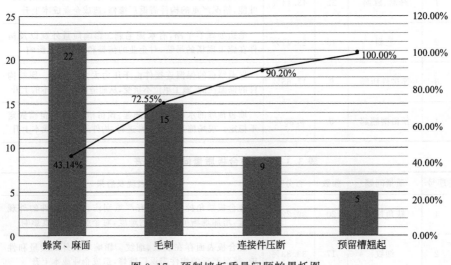

图 3.17 预制墙板质量问题帕累托图

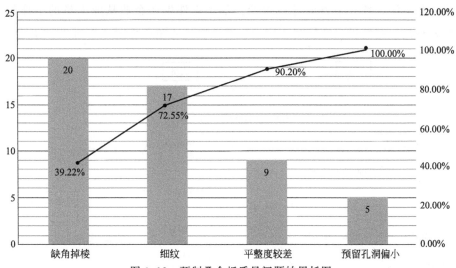

图 3.18　预制叠合板质量问题帕累托图

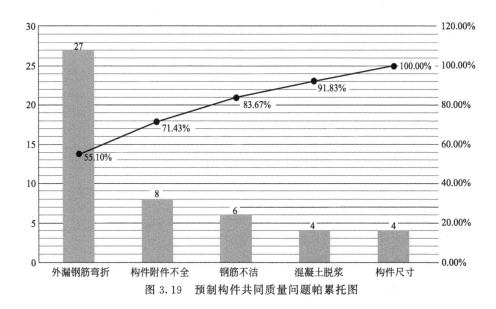

图 3.19　预制构件共同质量问题帕累托图

　　综上所述，构件表面存在蜂窝、麻面、裂纹，毛边处理不干净是预制墙板主要质量问题；叠合板缺角掉棱、叠合板表面存在细纹是预制叠合板的主要质量问题；外漏钢筋弯折、构件附件不全是预制构件共同的主要质量问题。

（2）预制构件质量问题原因分析

　　针对预制墙板表面存在蜂窝、麻面、裂纹的质量问题，同现场生产人员、技术人员、设计人员、质检人员以及售后人员从影响构件质量的人、机、料、法、环五个方面进行讨论，基于构件生产企业从业人员的工作经验，得出预制墙板表面蜂窝、麻面、裂纹质量问题鱼骨图，如图 3.20 所示。

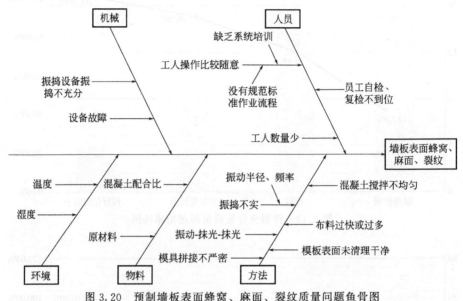

图 3.20　预制墙板表面蜂窝、麻面、裂纹质量问题鱼骨图

针对墙板蜂窝、麻面、裂纹的质量问题，从人、机、料、法、环五方面分析产生质量问题的主要原因如下：

① 生产员工工序操作不当、操作随意。

② 员工自检、复检不到位。

③ 设备故障。

④ 振捣不实，振捣时间不够。

⑤ 混凝土配合比不当，搅拌不均匀。

⑥ 布料不当，布料过快或过多。

⑦ 模板表面未清理干净。

⑧ 模具拼接不严，局部漏浆。

⑨ 温度、湿度不适宜。

⑩ 其他原因。

同上得出预制叠合板缺角掉棱质量问题鱼骨图，如图 3.21 所示。

针对叠合板缺角掉棱的质量问题，从人、机、料、法、环五方面分析产生质量问题的主要原因如下：

① 生产员工工序操作不当。

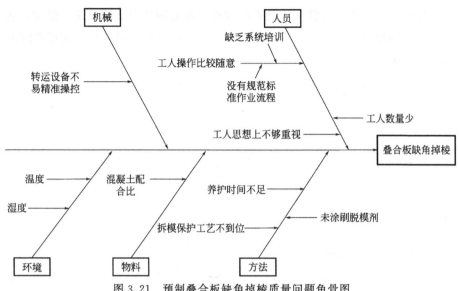

图 3.21　预制叠合板缺角掉棱质量问题鱼骨图

② 转运设备不易精准操控。

③ 混凝土配比不准确。

④ 模板未涂刷脱模剂或者涂刷不匀。

⑤ 养护工艺不到位造成脱水。

⑥ 拆模保护工艺不到位。

⑦ 温度、湿度不适宜。

⑧ 其他原因。

结合图 3.22～图 3.24，从人、机、料、法、环 5 个角度汇总原因如下。

人员方面，员工交底不深入，没有规范标准的作业流程，工序操作不规范，自检、复检不到位，这些因素都可能导致预制构件出现质量问题。

机械方面，设备检修不及时，在投产过程中出现故障，影响构件的质量；模台不净，影响混凝土黏合度；模具由于长时间使用可能会引起变形，从而导致生产出的预制构件尺寸不符合要求。

物料方面，水泥、石子、黄沙等混凝土原料不符合采购要求，混凝土配合比不当，都会影响混凝土拌合后的性能。

工艺方法方面，由于模板加固不牢，模具拼装不严密，混凝土搅拌不充分，布料方法不合适，抹光不到位，垫块漏放或者放置位置不当，养护时间不足，构件转运、存放、吊装中边角保护措施不足，都会造成预制构件产品质量问题。

生产环境方面，构件在蒸汽养护过程中没有调控合适的温度、湿度；适宜的温度和湿度可以改善员工的情绪，应该根据环境的变化适当调控车间内的温度、湿度。

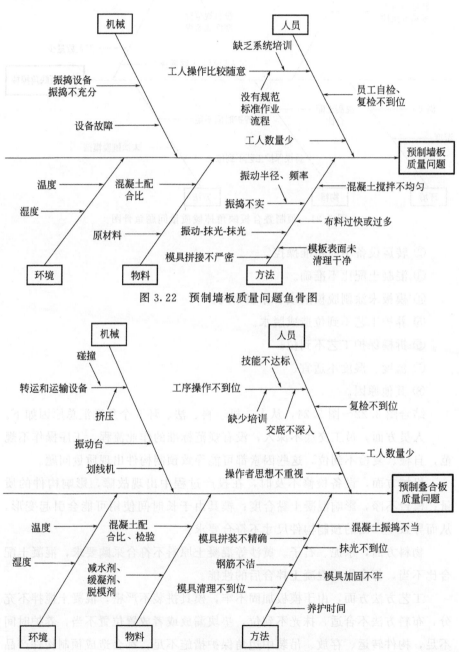

图 3.22　预制墙板质量问题鱼骨图

图 3.23　预制叠合板质量问题鱼骨图

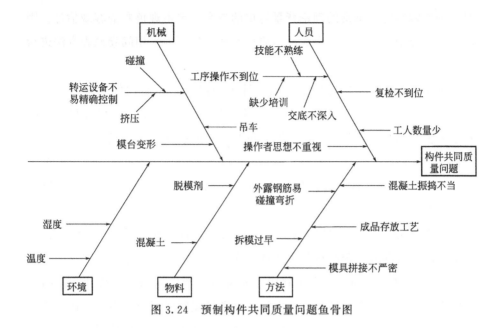

图 3.24　预制构件共同质量问题鱼骨图

3.6
预制构件质量问题调查分析

3.6.1　预制构件质量问题问卷设计

（1）问卷调查目的

由于企业资料仅有对质量问题反馈的记录，缺乏对引起质量问题原因分析及定量统计，因此无法统计到人、机、料、法、环哪个方面是影响产品质量的关键因素，下面通过发放调查问卷对质量问题产生的原因进行统计，对统计结果进行分析，找出影响产品质量的关键因素，并针对影响产品质量的关键因素提出改善方案。

（2）问卷调查设计

问卷调查是基于从业人员的经验来判断和主观评价风险的一种定性与定量相结合的方法，从业人员给出的数量值并非毫无依据的猜测，而是根据长时间的实践经验和丰富的理论背景得出的带有一定主观色彩的客观估计。因此，对于混凝土预制构件企业产品质量问题产生原因采用问卷调查方法进行研究。

基于混凝土预制构件质量问题统计表和混凝土预制构件质量问题鱼骨图，设计"混凝土预制构件质量问题原因统计调查问卷"。通过问卷调查，对混凝土预制构件质量问题产生原因进行定量的统计分析。问卷设计的思路（图 3.25）如下：

① 第一部分，是导言，介绍调查的背景、目的，并对问卷的填写要求作了说明。

② 第二部分，为背景资料，主要目的在于搜集被调查者的背景信息，了解目前从事混凝土预制构件生产从业人员的情况。

③ 第三部分，为混凝土预制构件质量问题产生原因调查统计，是问卷的核心部分。将问卷设计分为三大类，分别是预制墙板质量问题、预制叠合板质量问题和共同出现的问题，问卷选项从产品质量问题鱼骨图出发，分别从人、机、料、法、环五个方面给出引起质量问题原因的选项。该部分对质量问题的分类与表 3.2～表 3.4 所示的混凝土预制构件质量问题统计表一致。问卷的结构如图 3.25 所示。

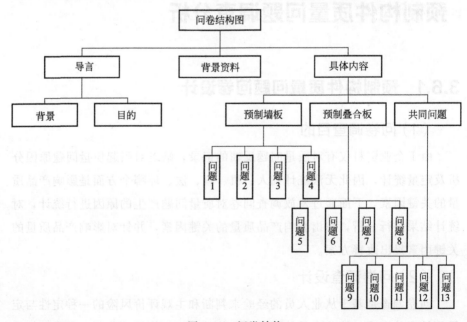

图 3.25　问卷结构

经现场交流，汇总统计，具体质量问题原因选项如表 3.5 所示。

表 3.5　质量问题选项

问题	问题点	引起质量问题的主要原因
1	墙板表面有蜂窝、麻面、裂纹	(A)工人工序操作不当 (B)自检、复检不到位 (C)振捣不实 (D)混凝土配合比不当 (E)布料不当(布料过快或过多) (F)模板表面未清理干净 (G)模具拼装不规范 (H)温度、湿度不适宜 (I)其他
2	毛边处理不干净	(A)工人工序操作不当 (B)模具拼装不规范 (C)对预留槽固定不稳定 (D)冲洗压力不足 (E)其他
3	保温连接件压断	(A)自检、复检不到位 (B)混凝土重量过大 (C)转运设备不易操控 (D)其他
4	墙板水电预留槽翘起	(A)员工自检、复检不到位 (B)工人工序操作不当 (C)对预留槽固定不稳定 (D)混凝土重量过大 (E)其他
5	叠合板缺角掉棱	(A)工人工序操作不当 (B)转运设备不易操控 (C)拆模、转运过程保护不到位 (D)养护不到位 (E)混凝土配合比不当 (F)温度、湿度不适宜 (G)其他
6	叠合板表面存在细纹	(A)工人工序操作不当 (B)混凝土配合比不当 (C)振捣不密实 (D)养护不到位 (E)抹光操作不到位 (F)其他

问题	问题点	引起质量问题的主要原因
7	叠合板预留孔洞偏小	(A)工人工序操作不当 (B)混凝土溢进预留孔洞 (C)缺乏规范的作业流程 (D)其他
8	叠合板平整度较差	(A)工人工序操作不当 (B)抹光操作不到位 (C)混凝土配合比不当 (D)搅拌不充分 (E)振捣不密实 (F)温度、湿度不适宜 (G)其他
9	外漏钢筋弯折	(A)工人工序操作不当 (B)转运设备不易操控 (C)钢筋强度不达标 (D)拆模、转运过程保护不到位 (E)其他
10	构件附件不全	(A)工人工序操作不当 (B)温度、湿度不适宜 (C)缺乏规范的作业流程 (D)自检、复检不到位 (E)其他
11	钢筋不洁	(A)工人工序操作不当 (B)涂刷脱模剂,沾上油污 (C)没有规范具体的作业流程 (D)自检、复检不到位 (E)其他
12	混凝土脱浆	(A)外加剂掺量过大 (B)减水剂减水率太高 (C)搅拌不充分 (D)沙子太粗 (E)其他
13	构件尺寸过大	(A)工人工序操作不当 (B)构件拆分不合理 (C)模台变形 (D)模具拼装不规范 (E)其他

将原因归类为人、机、料、法、环五个方面，汇总形成表 3.6。

表 3.6　原因汇总

因素	原　因
人员	工人工序操作不当;自检、复检不到位;构件拆分不合理
机械设备	模台变形;转运设备不易操控
物料	混凝土配合比不当;混凝土重量过大;钢筋强度不达标;减水剂减水率太高;沙子太粗;外加剂掺量过大
工艺方法	振捣不密实;搅拌不充分;布料不当(布料过快或过多);模具拼装不规范;模板表面未清理干净;对预留槽固定不稳定;拆模、转运过程保护不到位;冲洗压力不足;养护不到位;抹光操作不到位;混凝土溢进预留孔洞;缺乏规范的作业流程;涂刷脱模剂,沾上油污
施工环境	温度、湿度不适宜

具体问卷见附录。

3.6.2　产品质量问题原因统计分析

这里调查问卷为纸质版，发放调查问卷的对象主要是混凝土预制构件生产企业管理人员、生产员工、装配式建筑施工人员以及设计单位从业人员。发放调查问卷的对象都是与混凝土预制构件生产企业相关的人员，具有较高的可信度，因此通过调查问卷得到的样本数据可以用于下一步的分析。

共发放问卷 121 份，其中回收 102 份问卷，有效问卷 98 份，如表 3.7 所示。

表 3.7　问卷发放统计

发放对象	发放数量	收回数量	有效数量
混凝土预制构件生产企业管理人员	38	32	32
生产员工	53	45	41
装配式建筑施工人员	15	11	11
设计单位从业人员	15	14	14
汇总	121	102	98

以收回的 98 份有效问卷作为依据对参与问卷调查的行业内人员的背景情况进行统计，以明确被调查者的信息，其中所占比例较大的是混凝土预制构件生产企业的生产人员和管理人员，其次是设计单位和施工单位，如图 3.26。

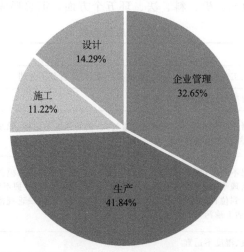

图 3.26　人员比例

（1）预制墙板质量问题原因统计

通过对问卷调查结果进行统计分析，得到如表 3.8 所示墙板质量问题原因。

表 3.8　预制墙板质量问题原因

选项	问题 1	问题 2	问题 3	问题 4
A	72	59	8	77
B	27	26	66	54
C	63	70	79	11
D	57	23	14	47
E	47	8		9
F	17			
G	14			
H	23			
I	8			

由表 3.8 可知，A、C、D、E 是引起问题 1 的主要原因，其余为次要原因；A、C 是引起问题 2 的主要原因，其余为次要原因；B、C 是引起问题 3 的主要原因，其余为次要原因；A、B、D 是引起问题 4 的主要原因，其余为次要原因。如表 3.9 所示。

表 3.9　预制墙板质量问题原因统计

问题	主要原因
问题 1	生产员工工序操作不当；振捣不实，混凝土配合比不当，布料不当(布料过快或过多)
问题 2	工人工序操作不当；对预留槽固定不稳定
问题 3	混凝土重量过大；模具拼装不规范
问题 4	自检、复检不到位；工人工序操作不当；混凝土重量过大

从人、机、料、法、环的角度分析墙板质量问题原因占比如表 3.10 所示。

表 3.10　预制墙板质量问题原因占比

因素	数量	占比
人员	355	41.57%
机械设备	14	1.64%
物料	191	22.37%
工艺方法	271	31.73%
施工环境	23	2.69%

人员和工艺方法方面的原因是引起预制墙板质量问题的关键。

（2）预制叠合板质量问题原因统计

对调查问卷结果统计分析，可得叠合板质量问题原因统计结果，如表 3.11 所示。

表 3.11　预制叠合板质量问题原因

选项	问题 5	问题 6	问题 7	问题 8
A	43	57	33	63
B	34	16	62	51
C	83	73	13	72
D	78	82	8	58
E	28	13		22
F	16	10		7
G	13			2

由表 3.11 可知，C、D 是引起问题 5 的主要原因，其余为次要原因；A、C、D 是引起问题 6 的主要原因，其余为次要原因；B 是引起问题 7 的

主要原因，其余为次要原因；A、B、C、D 是引起问题 8 的主要原因，其余为次要原因。如表 3.12 所示。

表 3.12 预制叠合板质量问题原因统计

问题	主要原因
问题 5	拆模、转运过程保护不到位；养护不到位、拆模过早
问题 6	工人工序操作不当；振捣不密实，振捣时间不够；抹光操作不到位
问题 7	混凝土溢进预留孔洞
问题 8	工人工序操作不当；抹光操作不到位；混凝土配比不合适，搅拌不均匀；振捣不密实

从人、机、料、法、环的角度分析叠合板质量问题原因占比比例，如表 3.13 所示。

表 3.13 预制叠合板质量问题原因占比

因素	数量	占比
人员	187	19.12%
机械设备	117	11.96%
物料	116	11.86%
工艺方法	535	54.70%
施工环境	23	2.35%

（3）预制墙板、叠合板共同质量问题原因统计

以此类推得出共同的质量原因统计情况，如表 3.14 所示。

表 3.14 预制墙板、叠合板共同质量问题原因

选项	问题 9	问题 10	问题 11	问题 12	问题 13
A	74	59	62	41	55
B	12	54	29	33	69
C	29	20	66	10	19
D	63	16	32	87	29
E	8	13	25	21	25

由表 3.14 可知，A、D 是引起问题 9 的主要原因，其余为次要原因；A、B 是引起问题 10 的主要原因，其余为次要原因；A、C 是引起问题 11 的主要原因，其余为次要原因；D 是引起问题 12 的主要原因，其余为次要原因；A、B 是引起问题 13 的主要原因，其余为次要原因。如表 3.15 所示。

表 3.15　共同质量问题原因统计

问题	主要原因
问题 9	工人工序操作不当;拆模、转运过程保护不到位
问题 10	员工缺乏系统培训;没有规范具体的作业流程
问题 11	工人工序操作不当;模具拼装不规范
问题 12	外加剂掺量过大、减水剂减水率太高,混凝土搅拌不充分
问题 13	工人工序操作不当;模具拼装不规范

从人、机、料、法、环的角度分析共同质量问题原因占比,如表 3.16 所示。

表 3.16　共同质量问题原因占比

因素	数量	占比
人员	367	42.72%
机械设备	31	3.61%
物料	190	22.12%
工艺方法	217	25.26%
施工环境	54	6.29%

综上所述,引起混凝土构件产品质量的原因主要集中在两个方面:一方面是人员问题,如工人工序操作不规范,员工自检、复检不到位等;另一方面是生产工艺问题,如模具拼装不到位、养护不到位,混凝土振捣时间不够、振捣不实,混凝土搅拌不充分,拆模、转运过程保护不到位等,预制构件质量问题影响因素统计如图 3.27。

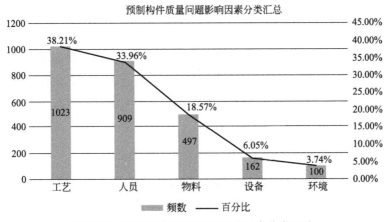

图 3.27　预制构件质量问题影响因素分类汇总

由图 3.27 可知，生产工艺和人员方面的原因是影响产品质量的主要因素，因此针对产品生产工艺和人员进行分析和改善，是需要进一步研究的内容。

3.7
混凝土预制构件产品生产流程分析与改善

通过预制构件产品质量问题的统计分析可知，表面存在蜂窝、麻面、裂纹，毛边处理不干净是预制墙板主要质量问题；缺角掉棱、表面细纹是预制叠合板的主要质量问题；外漏钢筋弯折、构件附件不全是预制构件共同的主要质量问题。基于前述分析可知，造成质量问题的主要原因是人员和产品生产工艺的问题，所以接下来主要针对产品生产工艺和人员进行分析和改善。

3.7.1 产品生产工艺流程现状分析

引起混凝土预制构件主要产品质量问题的生产工艺上的原因包括：

① 模板表面未清理干净；

② 模具拼装不规范；

③ 混凝土搅拌不均匀；

④ 布料不当（布料过快或过多）；

⑤ 振捣时间不够；

⑥ 振捣不实；

⑦ 抹光不及时。

引起质量问题的原因主要集中在产品生产工艺和员工技能不达标上，针对具体原因，对以下生产工艺流程进行介绍：模台清洗工艺流程、模具拼装工艺流程、混凝土搅拌工艺流程、混凝土布料工艺流程、混凝土振捣抹光工艺流程、混凝土配比流程。

（1）模台清洗工艺流程

模台清洗到位是保证预制墙板质量的关键环节。模台清洗的主要步骤是：员工接收清洗命令→清扫混凝土残留→涂刷脱模剂→进入下一道工序，其模台清洗工艺流程如图 3.28。

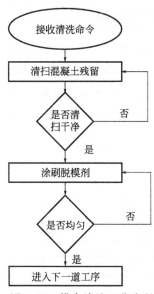

图 3.28　模台清洗工艺流程

（2）模具拼接工艺流程

模具拼接是根据生产要求，按照图纸将钢模拼装在一起。模具拼接的主要步骤包括：接收拼接指令→操控吊车将钢模吊到模台→依据图纸放置到指定位置→固定模具→测量尺寸→进入下一道工序，如图 3.29 所示。

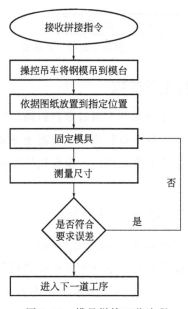

图 3.29　模具拼接工艺流程

（3）混凝土搅拌工艺流程

混凝土搅拌工艺是影响混凝土预制构件质量的关键工艺，混凝土品质的好坏直接影响构件的质量。其步骤主要包括：接收搅拌指令→原材料的准备（黄沙、石子、水泥、煤粉灰、减水剂、缓凝剂等）→依照配比规范投料→搅拌→混凝土抽检→进入下一道工序，如图3.30所示。

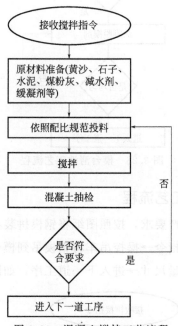

图 3.30　混凝土搅拌工艺流程

（4）混凝土布料工艺流程

混凝土布料是将搅拌好的混凝土通过布料机输送到生产线上的工艺。其步骤主要包括：接收布料指令→布料机接收混凝土→调控布料机对准模具→调控布料速度→混凝土匀速下落→到达一定容量后停止布料→进入下一道工序，如图3.31所示。

（5）混凝土振捣、抹光工艺流程

混凝土振捣是将布料完成的混凝土进行振捣，使其密实、无气泡的工艺。其主要步骤包括：接收振捣指令→小型振捣器局部振捣→振捣台振捣→一次抹光、找平→放置一段时间后二次抹光→进入下一道工序，如图3.32所示。

60

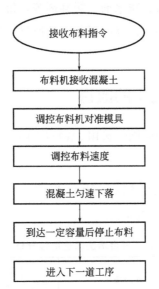

图 3.31　混凝土布料工艺流程

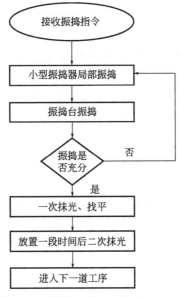

图 3.32　混凝土振捣、抹光工艺流程

（6）混凝土配比流程

混凝土配比设计是生产预制混凝土构件的基础，混凝土质量能否满足工程和使用要求主要取决于混凝土配比的设计。混凝土的主要原材料包括水泥、石子、黄沙、煤粉灰、减水剂、缓凝剂等，每一种原材料都对混凝土的质量起着至关重要的作用。设置好混凝土的原材料及配比，即可进入下一道工序。

3.7.2 生产工艺流程的改进

针对产生质量问题的原因，运用5W1H＋ECRS分析法对原有工艺流程进行分析改进。

（1）模台清洗工艺流程分析、改进

其主要过程如表3.17所示。

表 3.17 模台清洗工艺流程分析、改进

具体步骤	5W1H 提问	提问结果	改进 手段	处理 项目	改进建议
清扫混凝土 残留	What	清扫混凝土残留	E	—	合并:工人清扫和质检检查合并为一个工序同时进行,可以起到监督的效果,同时督促生产员工加强自检和复检意识
	When	构件拆模后	CR	√	
	Where	模台	CR	√	
	Why	避免残留物对墙板造成的蜂窝、麻面	ECRS	—	
	Who	生产员工	CR	—	
	How	用刮板将内腔内残留混凝土及其他杂物清理干净,使用压缩空气将内腔吹干净,以用手擦拭手上无浮灰为准	S	√	
涂刷脱模剂	What	涂刷脱模剂	E	—	涂刷脱模剂前模具应已清理干净,重排、简化:完善员工奖罚制度,建立标准作业指导书
	When	模台清扫完毕后	CR	√	
	Where	模台	CR	√	
	Why	养护模台,避免构件与模台发生粘连,影响构件质量	ECRS	—	
	Who	生产员工	CR	—	
	How	使用干净的抹布或海绵,涂抹均匀后模具表面不允许有明显的痕迹,不允许有堆积,不允许有漏涂等	S	√	

使用 5W1H＋ECRS 分析法改进后得到的改进建议如下：

① 生产员工的清扫和质检人员的检查合并为一个工序同时进行，这样可以对生产员工起到监督的效果，同时督促生产员工加强自检和复检意识。

② 完善员工奖罚制度，对模台清扫不净、脱模剂未刷或者涂刷不均匀的员工给予适当的金钱惩罚；建立标准作业指导书，在规定的时间内严格按照标准完成对模台的清扫和脱模剂的涂刷。

（2）模具拼装工艺流程分析、改进

其主要过程如表 3.18 所示。

表 3.18　模具拼装工艺流程分析、改进

步骤	5W1H 提问	提问结果	改进手段	处理项目	改进方案
操控吊车将钢模吊到模台	What	将钢模吊到模台	E	—	将吊装过程简化并进行标准化处理
	When	涂刷脱模剂后	CR	√	
	Where	模台	CR	√	
	Why	进行模具的拼装	ECRS	—	
	Who	生产员工	CR	—	
	How	吊车吊运	S	√	
依据图纸放置到指定位置	What	钢模落位	E	—	将定位过程通过防错、SMED 等方法进行标准化处理
	When	钢模吊到模台后	CR	—	
	Where	模台	CR	√	
	Why	模具拼装	ECRS	—	
	Who	生产员工	CR	—	
	How	搬运	S	√	
固定模具	What	磁盒、螺钉固定模具	E	—	固定工具、固定过程标准化并形成操作指导书
	When	钢模准确落位以后	CR	√	
	Where	模台	CR	√	
	Why	保证生产的预制构件尺寸符合要求	ECRS	—	
	Who	生产员工	CR	—	
	How	用磁盒将模具与模套扣紧，使用螺钉固定	S	√	

步骤	5W1H 提问	提问结果	改进手段	处理项目	改进方案
测量尺寸	What	测量合模尺寸	E	—	取消、简化：米尺测量合模尺寸需要两人配合，可以考虑采用高精度的电子测距仪对合膜尺寸进行测量，这样不仅节省时间，也提高测量精度。重排：完善模具的维护工艺，通过对模具进行保养，可以延缓模具的老化，防止变形
	When	拼装完成后	CR	√	
	Where	模台	CR	√	
	Why	保证构件拼接紧密、不漏浆，构件尺寸符合要求	ECRS	—	
	Who	生产员工	CR		
	How	米尺测量长、宽、对角线	S	√	

使用 5W1H＋ECRS 分析法改进后得到的改进建议如下：

① 测量合模尺寸需要两人配合，建议采用高精度的电子测距仪对合膜尺寸进行测量，这样不仅节省时间，也可以提高测量精度。

② 完善模具的维护制度，建立模具维护时间表，半月一次对模具进行定期维护，使用频率较高的模具，每周对模具进行保养，通过对模具进行保养，延缓模具老化，减小变形程度。

（3）混凝土搅拌工艺流程分析、改进

其主要过程如表 3.19 所示。

表 3.19 混凝土搅拌工艺流程分析、改进

步骤	5W1H 提问	提问结果	改进手段	处理项目	改进方案
原材料准备（黄沙、石子、水泥、煤粉灰、减水剂、缓凝剂等）	What	原材料准备	E	—	引入 5S 管理，将现场原材料规范整理
	When	混凝土搅拌前	CR	—	
	Where	原材料放置区	CR	√	
	Why	为混凝土搅拌做准备	ECRS	—	
	Who	生产员工	CR	—	
	How	将原材料转运到投料区	S	√	

步骤	5W1H 提问	提问结果	改进手段	处理项目	改进方案
依照配比规范投料	What	投料	E	—	引入 5S 管理及标准化工具使得投料操作标准化、规范化
	When	混凝土搅拌时	CR	—	
	Where	搅拌区域	CR	√	
	Why	配比不合适会造成混凝土的离析、塌落等问题	ECRS	—	
	Who	生产员工	CR	√	
	How	设备通过传送带将原材料输送到搅拌区（体积标准）	S	√	
搅拌	What	混凝土搅拌	E	—	搅拌操作标准化、规范化
	When	投料以后	CR	—	
	Where	搅拌区	CR	—	
	Why	预备好混凝土以备生产线使用	ECRS	—	
	Who	生产员工	CR	—	
	How	搅拌充分	S	√	
混凝土抽检	What	混凝土抽检	E	—	重排：在混凝土搅拌完成后，增加对混凝土配比检验的次数，尤其在关键节点，如原材料刚进场、设备故障修复后、电压不稳等，一旦发现配比不符合要求，应该立即停止混凝土搅拌
	When	搅拌完成后	CR	—	
	Where	实验室	CR	√	
	Why	保证混凝土符合要求	ECRS	—	
	Who	技术人员	CR	—	
	How	对混凝土进行表观密度、稠度、抗压强度、抗渗性等性能的检查	S	√	

使用 5W1H＋ECRS 分析法改进后得到改进建议如下：在混凝土搅拌完成后，增加对混凝土配比检验的次数，以 $20m^3$ 为单位，对搅拌好的混凝土进行抽检，尤其在关键节点，如原材料刚进场、设备故障修复后、电压不稳等。

（4）混凝土布料工艺流程分析、改进

其主要过程如表 3.20 所示。

表 3.20　混凝土布料工艺流程分析、改进

步骤	5W1H提问	提问结果	改进手段	处理项目	改进方案
调控布料机对准模具	What	对准待下料模具	E	—	对现有操作进行简化和标准化处理,并引入防错装置
	When	布料时	CR	—	
	Where	生产线	CR	√	
	Why	保证精确布料	ECRS	—	
	Who	生产员工	CR	—	
	How	调控布料机位置,使其对准模具	S	√	
调控布料速度	What	调控布料速度	E	—	建立布料标准作业指导书,生产员工依据标准设定布料速度,避免生产员工变动对布料的影响,布料过快会产生气泡,造成构件表面蜂窝、麻面
	When	布料时	CR	—	
	Where	生产线	CR	√	
	Why	布料过快可能会导致气泡产生	ECRS	—	
	Who	生产员工	CR	—	
	How	调控到合适的布料速度	S	√	
混凝土匀速下落	What	混凝土匀速下落	E	—	重排:建议生产员工进行重排轮岗,在布料过程中,需要员工操控机器,需要保持注意力,操作不集中就会导致布料不符合要求
	When	布料时	CR	—	
	Where	生产线	CR	√	
	Why	可以保证每块区域混凝土的数量,方便振捣和找平	ECRS	—	
	Who	生产员工	CR	√	
	How	控制布料机	S	√	
到达一定容量后停止布料	What	停止布料	E	—	对容量判断进行标准化标定,减少因人为判断出现的问题
	When	布料时	CR	—	
	Where	生产线	CR	√	
	Why	布料过多会导致混凝土浪费	ECRS	—	
	Who	生产员工	CR	—	
	How	生产员工依据经验,操控布料机停止布料	S	√	

使用 5W1H＋ECRS 分析法改进后得到相应的建议如下：

① 对现有操作进行简化和标准化处理，并引入防错装置，减少人为判断对实际生产的影响，更多地通过装置和标准来判断和进行相应的操作。

② 建立布料标准作业指导书，生产员工依据标准设定布料速度，避免生产员工变动对布料工艺的影响，避免布料过快产生气泡，造成构件表面蜂窝、麻面；提升老员工带新员工入岗的效率。

③ 建议生产员工进行轮岗，以布料 10 块预制构件为一个周期进行人员的轮换。在布料过程中，员工操控布料设备，需要保持注意力，一旦操控不精确，就会导致混凝土溢出模具，造成混凝土的浪费。

（5）混凝土振捣、抹光工艺流程分析、改进

其主要过程如表 3.21 所示。

表 3.21　混凝土振捣、抹光工艺流程分析、改进

具体步骤	5W1H提问	提问结果	是否改进	处理项目	改进方案
小型振捣器局部振捣	What	振捣	E	—	①布料和振捣器振捣工艺可以同时进行,发现缺料的部位可以及时补足。②振捣器操作要严格按照快插慢拔的规范进行,快插是为了防止出现混凝土分层、离析的现象,慢拔是为了振捣器抽出时造成的混凝土空洞能够填满。③每一个插点要掌握好振捣时间,一般每点 20～30s,当混凝土表面呈水平不在显著下沉、表面泛浆即可
	When	振捣过程	CR	—	
	Where	生产线	CR	—	
	Why	局部振捣保证混凝土振捣充分、密实	ECRS	—	
	Who	生产员工	CR	—	
	How	振捣器插入混凝土	S	—	
振捣台振捣	What	振捣台振捣	E	—	研究振捣半径、振捣频率等与平面质量的关系,引入标准化操作规范
	When	振捣时	CR	—	
	Where	生产线	CR	√	
	Why	全面振捣可以弥补局部振捣不到的区域	ECRS	√	
	Who	生产员工	CR	—	
	How	调整振捣半径、振捣频率,进行振捣	S	√	

具体步骤	5W1H 提问	提问结果	是否改进	处理项目	改进方案
一次抹光、找平	What	一次抹光	E	—	混凝土浇筑完成后半小时内应先找平,在初凝前再抹光,抹光时可在混凝土表面洒少量的清水,再使用抹刀按同一方向进行收光
	When	振捣结束	CR	—	
	Where	生产线	CR	—	
	Why	保证构件表面光滑平整	ECRS	√	
	Who	生产员工	CR	—	
	How	使用抹刀进行找平、抹光	S	√	
放置一段时间后二次抹光	What	二次抹光	E	—	工艺改善:终凝前在使用抹刀进行二次收光工作,保证混凝土表面光滑平整
	When	一次抹光结束后	CR	—	
	Where	生产线	CR	—	
	Why	保证构件表面光滑平整	ECRS	√	
	Who	生产员工	CR	—	
	How	使用抹刀进行二次抹光	S	√	

使用 5W1H+ECRS 分析法改进后得到改进建议如下:

① 布料和振捣器振捣工艺同时进行,在布料的过程中,插入振捣器进行振捣,发现缺料的部位应及时补足。

② 振捣器操作要严格按照快插慢拨的规范进行,快插是为了防止出现混凝土分层、离析的现象,慢拨是为了振捣器抽出时造成的混凝土空洞能够填满。

③ 每一个插点要掌握好振捣时间,一般每点 20~30s,当混凝土表面呈水平不在显著下沉、表面泛浆即可完成振捣。

④ 混凝土浇筑完成后半小时内应先找平,在初凝前再抹光,抹光时应在混凝土表面洒少量的清水,再使用抹刀按同一方向进行收光。

⑤ 终凝前在使用抹刀进行二次收光工作,保证混凝土表面光滑平整。

(6)混凝土配比过程的工艺改善

① 增强混凝土抗渗性的根本措施是提高混凝土的密实度,主要方法是:掺用引气型外加剂和煤粉灰,使混凝土内部产生不连通的气泡,从而提高抗渗性。

② 为了减少碳化作用对混凝土预制构件的影响,主要方法是:使用外加剂,采用水灰比小、单位水泥用量较大的混凝土配比,改善混凝土的流动性,提高混凝土密实度。

3.7.3　人员技能提升的建议

　　基于前述统计问题的分析可知，人员已经成为制约装配式建筑发展的瓶颈。装配式建筑项目从设计、施工到项目交付运营，都发生了很大变化。在装配式建筑施工模式下，墙体、楼梯、阳台等构件在工厂中就已经制作完成，现场操作仅是定位、就位、安装及必要的少量的现场填充结构等，木工、泥工、混凝土工、架子工等岗位需求将大大减少。但装配式建筑施工又提出了大量的新的技能要求，推进建筑业转型升级，应人才先行，需要以政府为引导、企业为主体，逐步建立和完善符合行业及区域特点的装配式建筑培训及技能鉴定体系[37]，具体包括[79~82]：

　　① 建立多层次、全方位的培训体系，加快培养产业工人。建筑企业推行装配式建筑后，原有的技能岗位和专业要求发生了很大变化，需要一大批由现场操作转为车间操作的技术工人，需要采取产教融合、校企合作、订单培养等多种方式，注重培训的时效性和实用性，增强教学内容的针对性和科学性，真正将人才培训与实际需要结合、课堂教学与实践教学相结合，确保培训的质量和效果，加快培养具有创新能力的高技能人才和新产业工人。

　　② 培育专业化的现场管理人员队伍，落实工程建设质量和安全生产工作要求。着力提升现场管理人员的从业素质和专业水平，积极推进各类现场管理人员的职业岗位标准建设，考核管理制度和继续教育制度，加强对各类现场管理人员的教育培养和指导，努力培养造就一批满足工程建设需要的专业化的现场管理队伍。

　　③ 积极推进工人标准体系建设，进一步完善《建筑职业工种划分标准》《建筑工人职业技能等级标准》《建筑工人职业技能鉴定标准》和《建筑工人技术等级工资标准》等标准体系，并借鉴国外的成熟经验进行专题研究，以积极推进建筑工人培训、认定标准体系建设。

　　④ 完善个人注册执业资格制度，强化职业责任和风险防范机制。统筹规划，科学合理设置建筑市场个人执业资格，建立专门的行业组织，负责个人执业资格的管理。严格落实个人职业资格的立法工作，明确执业人员在工程建设活动中的权利、义务和法律责任，增强其执行法律法规、工程建设标准的自觉性，保持其在控制质量安全、规范市场行为中的独立性并发挥其中坚作用。建立政府引导、市场运作的执业负责保险制度，强化职业责任和风险防范机制。

第4章
建筑构件质量监管及追溯体系

4.1
建筑质量监管基本原则

当前，地方政府根据区域装配式建筑发展现状，出台了各种质量监督管理办法，如湖南省于 2016 年 11 月出台了《湖南省装配式混凝土建筑结构工程施工质量监督管理工作导则》，从事装配式混凝土建筑工程的应当遵从相应的监督管理要求。一般要求如下：

① 装配式混凝土建筑工程的建设、设计、施工、监理等工程质量责任主体，以及施工图审查、预制构配件生产、部品集成、工程质量检测等与工程质量有关的单位，应当建立健全质量保证体系，落实工程质量终身责任，依法对工程质量负责。

② 设计单位应当完成装配式混凝土建筑的结构构件拆分及节点连接设计；负责构配件拆分及节点连接设计的设计单位完成工作后应经原设计单位审核；预制构配件生产企业应当会同施工单位根据施工图设计文件进行构件制作详图的深化设计，并经原设计单位审核认定。

③ 预制构件生产企业应当具备混凝土预制构件专业企业资质，并具备导则所规定的技术质量保证条件。

对于质量责任方面，建设单位、构件生产企业的相关要求为：

① 建设单位应当将工程发包给具有相应资质的设计、施工单位。

② 构件生产企业应当建立健全原材料质量检测制度、混凝土制备质量

管理制度、预制构件制作质量检验制度（应与施工单位委托有资质的第三方检测机构对钢筋连接套筒与工程实际采用的钢筋、灌浆料的匹配性进行工艺检验；应当建立构件成品质量出厂检验和编码标识制度），并满足相应生产条件。

③ 施工单位应当建立健全预制构件施工安装过程质量检验制度。

4.2
预制构件产品质量管理体系

4.2.1　设计阶段质量管理规范

根据《山东省装配式混凝土建筑工程质量监督管理工作导则》，设计阶段的质量管理主要应做好如下工作[83]。

（1）设计单位的质量管理措施

① 设计单位应当在资质等级许可范围内承揽业务。

② 装配式混凝土建筑工程的设计单位以及施工图审查单位是工程质量责任主体，均应当建立健全质量保证体系，落实工程质量终身责任，依法对工程质量负责。

③ 设计单位应当完成装配式混凝土建筑的结构构件拆分及节点连接设计；负责构配件拆分及节点连接设计的设计单位完成工作后应经原设计单位审核；预制构配件生产企业应当会同施工单位根据施工图设计文件进行构件制作详图的深化设计，并经原设计单位审核认定。

④ 设计单位应当加强建筑、结构、电气、设备等各专业之间的沟通协作，所出具的施工图设计文件应当对预制构件的尺寸、节点构造、装饰装修及机电安装预留预埋等提出具体技术要求；应当对可能存在的重大风险源进行专项设计，形成设计专篇。

⑤ 设计单位应当就审查合格的施工图设计文件向构件生产企业、施工单位进行设计交底。

⑥ 设计单位应当对预制构件生产企业出具的构件制作深化设计详图进

行审核认定。

⑦ 设计单位应当按照规定程序签发设计变更、技术洽商联系单等文件。

⑧ 设计单位应当参加首层装配结构与其下部现浇结构之间节点连接部位质量验收及装配式混凝土结构分部工程质量验收。

⑨ 设计单位应当参与工程质量事故及有关结构安全、主要使用功能质量问题的原因分析，并参与制定相应技术处理方案。

（2）施工图审查机构的质量管理措施

① 施工图审查程序、内容等应当符合《房屋建筑和市政基础设施工程施工图设计文件审查管理办法》的规定。

② 施工图审查机构应当对装配式混凝土建筑的结构构件拆分及节点连接设计、装饰装修及机电安装预留预埋设计、重大风险源专项设计等涉及结构安全和主要使用功能的关键环节进行重点审查。

③ 对于施工图设计文件中采用的新技术、超限结构体系等涉及工程结构安全且无国家和地方技术标准的，应当由省建设行政主管部门组织专家评审，出具评审意见，施工图审查机构应当依据评审意见和有关规定进行审查。

（3）其他单位的质量管理措施

① 监理单位　实行工程建设监理的，监理单位应当组织施工单位对预制构件生产过程进行驻厂监造，建设单位应单独支付监理费用。

② 构件生产企业　构件生产企业应当根据施工图设计文件、构件制作详图和相关技术标准编制构件生产制作方案，经企业技术负责人及施工单位项目技术负责人审核、监理单位项目总监审批后实施。构件生产前，应当就构件生产制作过程关键工序、关键部位的施工工艺向工人进行技术交底。

4.2.2　生产阶段质量管理规范

（1）熟悉设计图纸，编制预制计划

技术人员及项目部主要负责人应根据工地现场的预制构件需求计划和预制构件厂的仓储情况确定预制构件的生产顺序及送货计划；及时熟悉施工图纸，及时了解使用单位的预制意图，了解预制构件的钢筋、模板的尺寸和形式及混凝土浇筑工程量和基本的浇筑方式，以求在施工中达到优质、高效及经济的目的。

（2）合理人员配置，持续质量教育

预制构件品种多样，结构不一，应根据施工人员的工作量及施工水平进行合理安排，针对施工技术要求及预制构件任务紧急情况以及施工人员任务急缓程度，适当调配施工人员参与钢筋、模板布设以及混凝土浇筑。要经常对全体员工进行产品质量、成本及进度重要性的教育，使施工人员有明确、严格的岗位责任制。要有严格的奖惩措施。

（3）场地布置设计，规划车间高度

为满足预制构件使用条件、运输方便、统一归类以及不影响预制构件生产的连续性等要求，场地的平整及预制构件场地布置规划尤为重要。生产车间高度应充分考虑生产预制构件高度、模具高度及起吊设备升限、构件重量等因素，应避免预制构件生产过程中发生设备超载、构件超高不能正常吊运等问题。

（4）优质原料筛选，关键材料复验

只有优质的原材料才能制作出符合技术要求的优质混凝土构件。预制混凝土构件时，尽量选用普通硅酸盐水泥。选用水泥的标号应与要求配制的构件的混凝土强度适应。通常，配制混凝土时，水泥强度为混凝土强度的 1.5～2.0 倍。细集料应采用级配良好、质地坚硬、颗粒洁净、粒径小于 5mm、含泥量 3% 的砂。进场后的砂应进行检验验收，不合格的砂严禁入场。粗集料要求石质坚硬、抗滑、耐磨、清洁和符合规范的级配。

（5）标准振捣操作，确保密实无空隙

采用插入式振捣时，移动间距不应超过振捣棒作用半径的 15 倍，与侧模应保持最少 5cm 距离；采用平板振动器时，移动间距应使振动器平板能覆盖已振实部分 10cm 左右为宜；采用振动台时，要根据振动台的振幅和频率，通过试验确定最佳振动时间。要掌握正确的振捣时间，振捣至该部位的混凝土密实为止。密实的标志是：混凝土停止下沉，不再冒出气泡，表面呈现平坦、泛浆。

（6）规范拆模操作，确保构件完整

预制构件待混凝土达到一定的强度、保持棱角不被破坏时，方可进行拆模。拆模时要小心，避免外力过大损坏构件。拆模后构件若有少许不光滑，边角不齐，可及时进行适当修整。

（7）规定养护条件，确保设计强度

拆模后要按规定进行养护，使其达到设计强度。避免因养护不到位造成浇筑后的混凝土表面出现干缩、裂纹，影响预制件外观。当气温低于5℃时，应采取覆盖保温措施，不得向混凝土表面洒水。

4.2.3 运输与堆放阶段的管理规范

预制构件运输与堆放时的支承位置应经计算确定，构件运输与堆放要求如下。

（1）运输

按照规范规定，预制构件运输应合理选择路线和车辆，并应采取固定及防护措施。制定运输路线需考虑道路、桥梁的荷载限值及限高、限宽、转弯半径规定，还要考虑交通管理方面的相关规定。从方便、安全的角度出发，场内运输宜设置循环线路。运输车辆应满足构件尺寸和载重要求。装卸构件时应考虑车体平衡，避免造成车体倾覆。运输时应采取绑扎固定措施，应采取防止构件移动或倾覆的措施。运输细长构件时应根据需要设置水平支架，对构件边角部或链索接触处的混凝土，宜采用垫衬加以保护。对于所有情况，预制构件的支座位置均应在设计时考虑。对于开大洞的墙板，运输时需要配置背撑架、支撑或拉杆以保证其应力在设计限值以内。

（2）堆放

堆放场地应平整、坚实，并有良好的排水措施。施工现场堆放的构件，宜按安装顺序和型号分类堆放，堆垛宜布置在吊车工作范围内且不受其他工序施工作业影响的区域。垫木或垫块在构件下的位置宜与脱模、吊装时的起吊位置一致，此时可不再单独进行施工验算。重叠堆放构件时，每层构件间的垫木或垫块应在同一垂直线上。在构件生产企业及施工现场均应特别注意堆垛层数，应根据构件与垫木或垫块承载能力及堆垛稳定性确定，必要时应设置防止构件倾覆的支架。预应力构件均有一定的反拱，多层堆放时应考虑到跨中反拱对上层构件的影响，长期堆放时还要考虑反拱随时间的增长。

（3）墙板的运输和堆放

考虑墙板的特殊性，外观复杂的墙板宜采用插放架或靠放架直立堆放、

直立运输，也可采用专用支架水平堆放、水平运输。插放架、靠放架应有足够的强度、刚度和稳定性。采用靠放架直立堆放的墙板宜对称靠放、饰面朝外，倾斜角度不宜过小。

（4）屋架的运输和堆放

屋架属细长薄腹构件，多为平卧制作。吊运平卧制作混凝土屋架宜平稳一次就位，并应根据屋架跨度、刚度确定吊索绑扎形式及加固措施。屋架堆放时，可将几榀屋架绑扎成整体。

4.3
基于信息技术的建筑构件质量追溯机制

4.3.1　质量追溯概念界定

在质量管理领域，ISO 9001 规定追溯是通过记录的标识，追踪产品目标对象的历史、应用或位置的能力[84]。就本书而言，质量追溯机制就是在构件生产过程中，记录其检验结果及存在的问题，记录操作者及检验者的姓名，检验的时间、地点及情况分析，在产品的适当部位做出相应的质量状态标志，这些记录与带标志的产品同步流转，需要时，很容易搞清责任者的姓名、检验的时间和地点，职责分明，查处有据。质量追溯分为以企业为主导的质量追溯和以政府为主导的质量追溯[85]。企业为主导的质量追溯模式是指企业在追溯中是主导部门，信息的跟踪和溯源是通过企业间的信息系统实现信息的提取和共享的，并通过企业间的信息系统实现整个联调信息的追溯，实现信息追溯的要求[86]。政府主导的追溯模式是指政府在追溯中起着主要的监管作用，供应链上的节点企业都将信息提供给追溯的子系统平台，子系统在中央公共平台上聚集，实现信息完整和有效的收集和提取。通过追溯系统的导入，可以实现以下管理效益：

① 全面提升客户对企业产品追溯保障能力信心；

② 实现产品追溯信息电子化，提供条码等技术实现准确率提升；

③ 节省产品档案保存、归档时间；

④ 构建企业产品质量档案，实现追溯效率大幅度提升；

⑤ 为质量异常改进提供准确追溯平台支撑。

4.3.2 建设项目全寿命周期质量监管信息

建设工程全寿命周期质量监管工作中会涉及工程项目各个方面、各种类型的信息，根据内容和用途可以划分为以下四种类型。

（1）建筑构件信息

这类信息主要包括部品、构件在设计、生产、运输等过程中产生的信息，这些信息是质量管理和质量追溯的基础[87]，建筑部品构件建设项目全寿命周期信息如表 4.1 所示。

表 4.1　建筑部品构件全寿命周期信息表

阶段	输入	输出	控制	机制
设计	设计要求、技术标准、规范	建筑施工图，部品构件图	设计规范、合同	设计人、审核人
生产	原材料、建筑施工图、构件图、设备信息	预制构件	生产过程、工艺、规范	生产负责人、操作人、设备、驻厂监理
仓储	部品构件、仓储信息、环境信息	预制构件	入库单、出库单	仓库负责人、保管员
运输	预制构件、承运信息	预制构件信息、承运者信息	出库单、运输合同	运输人、车辆
进场	预制构件、仓储信息、检验信息	预制构件、仓储信息	运输单、检验单	验收人、保管人
安装	预制构件、安装规范、吊装信息	预制构件信息、吊装、安装信息	吊装工艺、安装工艺、规范	吊装人、吊装设备、质量负责人、操作人、设备
验收	各种质量保证资料半成品	验收结论信息	验收文件、程序、标准、规范	施工负责人、监理、各级质量负责人、验收人

（2）工程项目管理信息

这类信息是以业主为中心的项目管理活动中，在各参与方之间产生、传递和加工的信息，内容包括项目基本信息、管理信息（如成本、进度、质量）和合同信息等。此类信息是工程项目的基础性信息，通常可由工程项目信息门户（PIP）[88]进行组织和管理，并向政府监管部门传递。

（3）工程质量监管信息

是政府监管部门实施监管时产生和传递的信息，如各类审批信息、备案信息等。此类信息主要以满足政府质量监管职能为目的，并且要求信息能够在各监管部门间实现跨部门、跨阶段的传递，这也是建设工程质量监管信息集成化管理的内容。

（4）工程质量公共信息

是在建设工程项目管理和质量监管信息的基础上进行分析、挖掘等加工处理后产生的信息，如综合反映本地区工程建设质量水平、各参与单位信用、历史业绩的信息等。这些信息不仅可以为工程监管部门提供决策支持，还可以面向社会公众提供信息增值服务。

4.3.3　基于物联网的部品（构件）质量追溯系统

物联网是在计算机互联网的基础上，利用射频识别（Radio Frequency Identification，RFID）、无线数据通信等技术，使网络中物品无需人的干预能够彼此进行"交流"，其实质是利用信息感知技术，通过信息传输实现物品的自动识别和信息的互联与共享[89]。将物联网技术应用于工程质量检测管理中，是指利用物联网的信息化技术结合管理方法加强质量检测的管理工作。建筑物联网系统是以单个部品（构件）为基本管理单元，以 RFID 为跟踪手段，通过芯片对部品从生产到安装使用进行全过程监测的管理平台[90]。基于物联网的部品（构件）质量追溯系统功能流程为：

① 建设单位根据招标结果，将项目设计、施工、建立、构件生产等责任主体录入项目信息，在建筑物联网系统中实时查看项目进度及项目质量追溯信息；

② 设计单位在产业化项目政策审查阶段上传项目图纸；

③ 生产单位在物联网系统中实时录入原材料检验、生产过程检验、部品生产入库、部品运输单等信息；

④ 施工单位及监理单位对进场的部品进行验收（对未按照规定预埋 RFID 芯片、粘贴二维码及系统信息录入不全的部品应做退场处理），并在物联网系统中实时录入验收、施工信息；

⑤ 监理单位对施工过程进行检验，在物联网系统中及时上传检验信息。

通过这一系统，可以实现装配式建筑部品从原材料购置、生产、运输到安装的全过程跟踪追溯，并以此为基础建立建筑部品质量认证体系。基于物联网的部品（构件）质量追溯系统在工程质量监管中的应用主要体现在[71]：

① 加强施工过程中的质量监管。利用物联网的全面感知和即时传输能力，协助政府监督部门对施工过程中的工程质量进行监管。通过建立各工程的质量档案以及参建单位、人员的资质和信誉档案，实现对在建工程有差别的监管，使有限的监管力量得到最充分的应用。同时通过规范化的监督检查流程，详细、及时、透明地掌握施工现场的信息，杜绝暗箱操作，保证工程质量监督的公平、公开。

② 加强检测流程管理。利用物联网技术对工程质量检测的工作流程进行跟踪控制，然后结合数据处理等技术对检测所得的结果做出评估，对不符合规范要求的结果提出报警，从而在一定程度上实现工程质量检测的智能化。

③ 完善检测管理制度。利用物联网对结构进行定期检测提醒，并将每次检测的结果做记录储存，从而形成结构的质量安全档案。这样做可以对结构的质量状况有一个长期全面的了解，改变以往检测孤立、不连续的弊端。

4.3.4 基于信息技术的部品构件质量追溯机制

建设工程全寿命周期质量监管的任务是树立全寿命周期质量安全的理念，通过监管制度和措施保证建筑物在合理使用年限内的质量安全。通过运用物联网的信息化技术建立起相应的工程质量检测一体化管理服务平台，集工程质量检测、监督、管理以及公共服务于一体，使工程质量的检测和监管实现规范化和透明化。与当前建设工程质量监管相比，全寿命周期质量监管不仅强调对新建工程的施工管理，监管工作将由目前以施工环节监管为主向上下游两端延伸，将工程立项后至使用维护阶段纳入质量安全监管的体系，以全局、系统的视角审视建设工程质量安全[91~93]。

（1）建立完善部品构件编码及生产记录备案制度

建筑部品构件经历设计、生产、运输、施工到运营维护，不断产生信息、传递信息、处理信息。构件信息是生产和施工过程中需要使用的信息，将信息有效传递给生产和施工，需要通过对构件编码和共享数据库，将构件信息与相关的数据联系起来，才能使构件在生产和施工过程中受控和可追溯。建筑部品构件的分类及编码体系代码结构必须科学、合理，并且适用于建筑全生命周期各个阶段，建筑部品的编码应该保持一致，以保证信息的互用。完善的生产记录是规范管理的要求和体现，是产品质量追溯的关键要素之一。对于追溯信息的记录和管理，主要包括产地编码备案制度、生产投入品记录卡制度等，应形成完备的操作记录。

（2）规范生产及运输操作流程，完善过程质量控制

为有效地进行质量控制，预制混凝土构件厂等生产单位应结合本单位实际，设置技术、质量检验、试验等专门机构，配备相应的合格人员和试验、检验设备，建立和健全各项管理制度（如技术管理制度、质量管理制度、工程技术档案管理制度、各级人员岗位责任制度、生产操作规程等），并按规程所列规定，制定实施细则及保证产品质量的组织措施和技术措施。构件运输时，根据构件的类型、尺寸、重量、工期要求、运距、费用和效率以及现场的具体条件，选择安全、经济、高效的运输工具和装卸机具；构件在装车时，支承点应水平放置，并保证荷载均匀对称，固定要牢靠，要详细记录运输情况并依规录入相应系统。

（3）严格实施质量抽样检测，并将检验结果备案

预制构件不得存在影响结构性能或装配、使用功能的外观缺陷。构件的外观质量要求和检验方法应符合相应的规定，对外观缺陷及超过要求的允许尺寸偏差的部位应制订修补方案进行修理，并重新检查验收，构件部品应按设计要求的试验参数及检验指标进行结构性能检验，检验内容及验收方法按有关规定执行。预制构件经检验合格后，应及时标记工程名称、构件型号、制作日期、合格状态、生产单位等信息，并登记备案，同时，在追溯过程中，严格实施质量的抽样检测与控制。

（4）建立健全质量安全责任制，有效保证可追溯制度的威慑力

施工过程的所有部品、构件均应按规定建立并传递检验、试验和验证的记录。对施工过程中不合格的半成品，除进行记录外，应明确并执行不合格品控制程序，最终产品的交付以验收交接记录作为工程最终结果的标识，在有可追溯性要求的场合，应按要求进行标识，并填写有关记录，使其可逆向追溯到源头。通过责任制度，约束和引导收集、提供产品质量信息，政府可以通过税收、贷款利率优惠等经济手段或其他行政措施，保证部品构件产品质量安全可追溯制度的有效建立和威慑力。

4.3.5 基于 RFID 的质量管理过程

（1）预制构件生产阶段

预制构件生产时将 RFID 标签安装在构件上，即在混凝土浇筑前将 RFID 标签用耐腐蚀的塑料盒包裹好，然后将其绑扎于预制外墙或预制楼板保护层钢筋，最后随混凝土的浇筑永久埋设于预制构件产品内部，埋设深度为混凝土保护厚度[94]。RFID 标签主要记录生产厂家、生产日期和产品检查记录等基本信息，检查记录主要包括模具、钢筋笼、铝窗、预埋件、机电、产品尺寸、养护、瓦仔以及出货检查等内容[95]。同时也应记录与设计图和施工图相对应的构件产品编号（ID），这个产品编号是构件所独有的，这也是构件今后能够被识别的基础。根据之前所进行的各阶段所需信息分析，结合合适的编码原则，将构件信息以编码的形式输入 RFID 标签，而 RFID 标签则成为构件的"身份"象征。

具体标签信息录入步骤：根据预制构件生产过程分阶段录入标签信息，包括落混凝土前录入、检验阶段录入、成品检查阶段录入及出货阶段录入，主要输入预制构件产品编号、生产日期和产品检查记录等信息，信息输入完后，将其上传到服务器，完成录入操作。当厂内生产过程中遇到检验不合格的情况时，立即在监理检验阶段录入不合格数据信息上传至服务器，然后进行返工或者报废处理。

（2）预制构件运输阶段

混凝土预制构件运输过程是将在工厂生产的构件运送到施工现场进行安装和拼接的过程。预制构件运输过程应包括装车、运输、卸车和堆放四个环节，这一阶段的管理内容涉及更多的是物流管理方面。由于预制构件是一种较为特殊的产品，需要专业的装卸队伍进行装卸，所以其运输、堆放、吊装往往由构件供应商完成。

在此阶段，运输管理人员可持装有 RFID 读写器和 WLAN 接收器的 PDA 终端读取 RFID 中预制构件基本出厂信息，核对构件与配送单是否一致，编写运输信息，生成运输线路，并连同运输车辆信息一并上传至数据库中，运输车辆应安装 GPS 接收器和 RFID 阅读器，这样施工单位可以通过信息系统中的数据库将构件与运输车辆对应上，即可通过 GPS 网络定位车辆，获得构件的即时位置信息[96]。

（3）预制构件进场堆放阶段

预制构件运送到施工现场后一般需要暂时堆放在相应区域，以备后续的施工。在这一阶段，需要对预制构件进行日常养护、监控和定位，构件的堆放顺序应严格按照施工安装顺序，一般通过 BIM 施工仿真来确定。构件到达堆场后需要掌握构件的基本信息，以便能够随时检查储存状态，同时，也要准确登记构件的具体堆放位置信息，从而保证在安装时能够准确、快速定位目标构件。

为及时了解预制构件的到场情况，一般需要在施工现场的入口处安装门式阅读器，以便在运输车辆进入施工现场后，及时准确读取预制构件信息，然后制定或调整施工计划。预制构件在进行装卸时，可在龙门吊、叉车等装卸设备上安装 RFID 阅读器和 GPS 接收器（读取距离及信号衰减等因素），这样，施工人员在需要时可以实时定位构件的装卸地点和存放位置。

构件卸放至堆场后，为便于读取每个构件的信息，一般在堆场中设置固定的 RFID 阅读器，将构件与 GPS 坐标相对应，根据阅读器的读取半径，规划阅读器安装位置，以保证堆场内消除信号盲区。这样，施工方可通过信息系统，确认到构件的实时定位信息，从而实现构件位置的可视化管理。根据施工计划，需要提前在堆场中找到目标构件，堆场管理人员可通过网络，利用装有 RFID 阅读器和 WLAN 接收器的 PDA 终端快速、准确寻找到构件，并可读取 RFID 标签中构件的基本信息，与目标构件信息比较，确认是否为该构件。

（4）预制构件安装阶段

RFID 技术不仅能够实现构件实时定位，还能对构件安装进度和质量进行监控。由于每个构件在安装时都会同时携带与其对应的技术文件和 RFID 标签，安装工程师可依据技术文件和 RFID 标签中的信息，将构件与安装施工图一一对应。RFID 标签包括构件编号、连接工程项目编号、连接工程技术标准等基本信息。

在每道工序节点完成后，通过 RFID 读写器将安装进度和安装质量信息写入 RFID 标签，并通过 WLAN 网络上传至数据库中。这样，每个构件安装的进度情况和质量检查节点的情况便可实现实时更新。

另外，安装工程师和质量检查人员可以利用 PDA 掌握 RFID 标签中的进度和质量信息，当工人完成构件连接和安装后，工程师将构件的实际安装情况与技术图纸对比，确认构件临时支撑支护情况、浇筑情况、焊接连接点或螺栓连接点处连接情况等，判断构件安装进度，检查安装质量是否符合施工规范和要求。

若符合要求，可用 PDA 连接 WLAN 网络，将构件连接完成后的各项基本参数、完成时间等上传至数据库。若未完成，则将安装过程中出现的问题上传至数据库。

第5章
装配式建筑工程施工质量问题研究

5.1
装配式建筑施工质量研究现状

随着社会生产力的发展和科学技术的进步，建设工程在工程管理上的要求也日益规范化、系统化，工程成本、工程进度以及工程质量和安全等方面与以往有着质的飞跃。当前，如何保证工程项目的质量成为工程项目所面临的重要问题。施工作业过程中的质量控制是保障工程项目质量的关键因素。由于工程项目施工涉及面广，其施工过程是一个极其复杂的综合过程，再加上项目体形大、整体性强、建设周期长、受自然条件影响大、生产流动、结构类型不一，以及质量要求和施工方法不同，故施工项目的质量比一般工业产品的质量更加难以控制。

国外学者在使用先进技术（BIM技术、图片匹配技术、增强现实技术等）改造传统质量管理体系方面进行了深入研究。Johnston B、Bulbul T[97]等改进预制管道质量保证体系，将其分解为生产过程中、生产后、现场施工三个环节，并使用自动化检测技术辅助其质量管理工作，在预制管道生产及施工中使用摄像和激光扫描技术自动收集管道施工数据，并与设计要求比对，进而发现缺陷进行整改。Chen[98]等提出了将BIM与现有产品、组织、过程（POP）质量管理模型整合，共享项目数据，进行更高效的质量管理工作的思路。Nahangi[99]等提出了将预制管道生产和实际施工中采集的数据输入BIM模型，采用迭代算法进行缺陷检测的框架思路及方法。Kwon[100]认为可以利用 BIM 和图像匹配技术开发出两种缺陷管理体系检测预应力混凝土缺陷：第一，基于图像采集及匹配技术的远程质量监控系统，用图像匹配系统替代传统的现场巡检工作；第二，在移动检测设备中嵌入增强现实模块，使用便携式缺陷管理 APP 帮助管理者和操作者自动检测尺寸偏差和零部件遗漏等缺陷。Park[101] 等提出了以标准化的质量问题信息统计及收集模块、方便管理者学习的质量控制领域共享知识库模块、基于图片匹配和增强现实技术的自动质量检测模块为支撑的主动的质量管理体系。针对基于 3D 激光扫描技术、BIM 技术的自动化质量检测方法，有些学者从数据处理的角度提出了几种提高缺陷检测精度和速度的迭代算法[102,103]。

国内学者对质量缺陷的研究更为微观，集中在对具体质量缺陷的防治上，现阶段装配式建筑技术发展还不够成熟，企业技术水平和管理水平参差不齐，实验室条件与规模化生产的实际条件存在差距，现场还不能完全保证规范化施工，在试点工程中暴露了一些典型质量缺陷，国内一些学者对此进行了分析。齐宝库[51] 等基于装配式建筑施工流程，分析了施工环节平板制作安装、预制构件连接、管线及预制构件埋设、预制构件成品保护四方面质量问题产生原因并提出改进建议。常春光[104,105] 等使用鱼骨图分析法从构配件供应、施工准备、人员与机械操作、管理协调四方面分析了影响装配式建筑质量的因素，并从组织措施、合同措施、技术措施、经济措施四方面提出质量改进建议。张兴龙[106] 总结了装配整体式建筑现场施工环节 14 个常见质量缺陷与防治措施。谭孝尘[107] 从预埋钢筋尺寸偏差、预留洞口尺寸偏差、构件平整度偏差、注浆孔螺栓孔堵塞、现场构件堆放无序、构件吊装歪斜六方面归纳了现场施工中的问题，针对其中 4 个重点问题提出初步解决方案。宋竹[108] 从方案设计、初步设计、施工图设计、构件加工图设计、构造节点设计五方面提出装配式建筑设计环节的要点。姜绍杰[109] 等提出施工环节是装配式建筑的难点，分析了预制构件生产和运输质量控制要点及现场安装、定位、灌浆的流程。曹诗定[110] 等简要介绍了制约装配式建筑发展的难点，论述了构件生产、运输吊装及安装过程中的质量监督重点。翟鹏[111] 基于精益建设思想从管理理论层面提出了装配式建筑在生产管理模式及质量管理方面的改进方案，还有一些文献结合案例介绍了现场实际做法，如预制构件的运输和堆放要点、预制构件的安装和精度校正流程、注浆及坐浆流程及质量控制措施[112~114]。周诚[115] 等以武汉地铁隧道施工为例，提出了基于可穿戴设备、Wi-Fi 技术、GIS/CAD 平台技术的安全隐患排查与管控体系。

徐晟、骆汉宾[116]开发了基于图示语言的现场施工人员地铁安全培训平台。于龙飞[117]等在借鉴制造业的计算机集成制造系统（CIMS）的基础上提出了基于 BIM 的装配式建筑集成建造系统的理论框架，即 BIM-CICS 系统。

　　国外学者对装配式建筑具体质量问题的研究较少，研究视角集中在借助先进技术（BIM 技术、图片匹配技术、增强现实技术等）改造传统质量管理体系方面，使用自动化检测技术，旨在将现场管理人员从繁杂的质量检验工作中解脱出来，降低人为因素干扰，提高质量检测精确度。目前国内对装配式建筑质量的研究多集中于施工中常见质量问题表现形式及其产生原因和防治建议，平台化管理技术一般用在地铁项目安全管理中，该技术在装配式建筑质量管理领域并未涉及。同时，国内介绍装配式建筑质量缺陷的文献集中在现场施工环节，对设计、生产运输环节的缺陷研究较少。

　　本章案例在常见缺陷的基础上，补充了钢筋设计位置不合理导致安装困难、钢筋长度设计不合理、构件拆分造成的裂缝、成品保护不到位、生产线上质量问题、粗糙面处理不到位、构件附件设计不全、运输问题、外露钢筋弯折及位移、钢筋施工中问题、水电工程预留预埋等方面的缺陷，涵盖生产、运输、现场施工三个环节，对每类缺陷出现频数进行定量统计，使用排列图法确定主要质量缺陷，并使用鱼骨图从人员、机械、物料、方法、环境五方面分析主要质量缺陷产生原因并据此提出改进措施。

5.1.1　装配式建筑施工质量影响因素

　　随着装配式建筑的兴起，我国学者对装配式建筑施工过程中的质量问题进行了大量的研究，并分析了其影响因素。

　　常春光[104]等将装配式建筑施工阶段的质量影响因素分为四种，即构配件供应、施工准备、人员与机械操作、管理协调。预制构件是组成装配式建筑的主要材料，对预制构件的科学管理直接影响装配式建筑的施工质量。在施工过程中，应对预制构件进行检验，验收合格的预制构件应合理堆放和使用。施工准备工作对装配式建筑施工质量控制具有举足轻重的作用，在施工前应对作业人员的专业水平、施工机械的质量和现场布置、预制构件的堆放场地等进行全面考虑。装配式建筑的施工方式与传统现浇建筑有很大的不同，造成了施工现场作业人员的比例和施工机械的配置发生了变化，作业人员对机械的操作不娴熟会造成质量问题，如预制构件吊装不到位会影响装配式建筑的整体结构受力性能，作业人员放线不精确、关键节点施工不善也会对施工质量造成影响。在管理协调方面，施工单位需与设计单位、预制构件生产厂进行协调，设置专员对关键的部位进行技术交底并对施工过程中的质量进行跟踪。

袁林[118]结合实践与理论，将装配式建筑施工质量影响因素分为人员、机械、物料、工艺、环境和标准制度六个方面。在人员方面：由于作业人员对预制构件的安装经验不足，造成预制构件安装尺寸有偏差。在机械方面：缺乏自检工具导致坐浆厚度不规范、灌浆套筒注浆不饱满等现象；在预制构件安装过程中，缺乏有效的精度控制工具，难以控制预制构件的安装精度。在物料方面：坐浆料和注浆料在现场调配，质量难以保证；外观质量（尺寸、挠度、预埋件位置）有问题的预制构件没有检验直接安装；预制构件在搬运和吊装过程中，容易出现损坏。在工艺方面：坐浆工艺还有待于改善，坐浆太厚容易引起垫块偏移，坐浆太薄引起接合面出现空隙；预制构件安装工艺也有待于改善，以减少安装误差。在环境方面：预制构件堆放保护不到位对预制构件的强度产生影响。在标准制度方面：装配式建筑的标准规范还没有实施，施工单位在施工过程中出现漏洞和疏忽，进而影响装配式建筑的施工质量。

苏杨月[119]等通过对某装配式建筑的施工现场进行调研，统计施工质量问题并用鱼骨图从人员、机械、物料、方法和环境五个因素分析，认为人员、物料和方法是影响装配式建筑施工质量的主要因素。

综上所述，装配式建筑在施工过程中存在较多的施工质量问题，影响施工质量的因素可概括为人员、机械、物料、方法和环境。对于不同的装配式建筑工程项目，其施工质量的影响因素也不同。

5.1.2 装配式建筑施工质量控制

施工质量控制是在明确的质量方针指导下，通过对施工方案和资源配置的计划、实施、检查和处置，进行施工质量目标的事前控制、事中控制和事后控制的系统过程[31]。国内外学者对装配式建筑施工质量控制进行了大量的研究。

常春光[104]等提出装配式建筑施工质量控制应注重事前质量控制，在施工前应检查图纸，根据施工经验及时发现图纸问题。马健翔[120]认为需要采用层次分析法和模糊综合评价法对装配式建筑施工前、施工过程中和施工后进行综合评价。Li[121] 等提出预制构件生产和安装是装配式建筑质量的重要影响因素，并将虚拟现实技术运用到预制构件的生产和安装，优化预制构件的设计、生产和安装，提高装配式建筑质量。Lu[122] 等将 RFID 技术运用到装配式建筑施工质量控制中，发现无线射频识别技术在很大程度上提高了信息的可见性和可追踪性，在装配式建筑工程项目质量控制上具有很大的潜力。施洪清[123] 认为在装配式建筑施工过程中，应对预制构件之间的连接节点进行质量抽检，质量合格后才能进行下一个工序。邓长文[124] 提出应加强全过程质量控制：在施工前，对施工质量影响因素进行总结，针对常见问题，提出对应解决办法，保证工程质量满足预期要求；在施工中，借助科学管理方法，充分考虑预制构件的运输、堆放和检测等，提高作业人员的综合素质，保证整体设备的安全性；在施工结束后及时进行总结，总结施工中的经验和教训，为以后的装配式建筑施工提供借鉴。朱超[125] 提出应加强预制构件的生产、运输、吊装和成品保护的质量控制。李娜[126] 针对施工中具体的质量问题提出质量控制措施。高义民[127] 等认为装配式建筑施工质量控制应注重预制构件的质量控制、提高作业人员专业水平和提高管理的水平。李天亮[128] 通过分析施工工艺，提出了预制外墙挂板和预制剪力墙的防水施工质量控制。方伟国[129] 结合万科某装配式高层项目，针对预制构件在安装过程中偏差较大的问题，提出了相应的质量控制措施。单正猷[130] 针对预制构件安装精度不高和灌浆质量问题，提出了施工测量控制和灌浆施工质量控制。常春光[104] 等提出了质量控制的合同措施、组织措施、经济措施和技术措施：针对预制构件引起的质量问题可以采取合同措施和技术措施；针对人员与机械操作引起的质量问题可采取组织措施、经济措施和技术措施；针对管理协调问题需要同时运用合同措施、组织措施、经济措施和技术措施。齐宝库、王丹[51] 等分析装配式建筑施工质量问题，提出了规范设计、完善质量检验标准、加强产业工人培训等意见。

也有不少学者研究 BIM 技术在装配式建筑施工质量控制中的应用。田东方[131] 认为 BIM 模型可以进行管线综合优化、预制构件冲突检测和模拟施工，提高装配式建筑质量控制。段梦恩[132] 将 BIM 技术运用到精细化管理当中，通过实例论证了 BIM 技术在装配式建筑质量控制中的好处。肖阳[133] 等提出利用 BIM 技术的清单式质量控制，将装配式建筑的预制构件作为质量控制的单元。

5.2
某装配式建筑工程项目实例

5.2.1　项目概况

本工程为山东省滕州市某装配式建筑工程项目，总建筑面积120335m²，12栋4～5层教学楼，4栋宿舍楼。设计使用年限50年，结构形式为装配式钢结构框架，采用钢结构框架、装配预制三明治外墙挂板、内墙板、PK预应力混凝土叠合板（简称叠合板）、预制楼梯等预制构件。项目涉及钢结构安装和预制构件安装两个部分。

5.2.2　钢结构安装工艺

钢结构安装采取先安装钢柱，再分层安装钢梁。钢柱安装完成后，应立刻安装钢梁。

钢结构安装工艺包括：清理地脚螺栓→测量地脚螺栓位置、标高→吊装钢柱→安装钢梁→初校→安装附件→终校→焊接。

（1）钢柱的吊装

① 当基础混凝土强度满足施工要求之后，开始吊装钢柱将其与地脚螺栓连接。钢柱不分解，一次安装到顶标高。钢柱吊装采用单机吊装，回转法起吊，配备1台150t吊车。

② 在钢柱安装前，应将地面控制线引至高空，保证钢柱安装校正后的轴线位移不大于5mm。柱顶垂直偏差不大于10mm。

③ 钢柱慢慢起吊，先离开地面约30cm，停留1min，确认安全后再慢慢起高到位并对准地脚螺栓后，使钢柱缓缓落下，地脚螺栓穿入柱脚螺栓孔内，钢柱落到位后，对其垂直度及中心线进行校正。安装后对钢柱的垂直度、轴线进行初校。钢柱校正后，分初拧及终拧两次对角拧紧柱脚螺栓，并用缆风绳做临时固定，安装固定螺栓后，再拆除吊索。柱子间距偏差较大者，用倒链进行校正。

④ 钢柱安装完成后对柱间距进行仔细检查，确保上下一致，并与钢梁长度对照，确定无误后拧紧地脚螺母，然后开始钢梁吊装。

（2）钢梁的吊装

① 钢梁吊装前，先确定绑扎吊点，然后进行试吊，要确保钢梁在空中的稳定性。吊装时先吊装主梁再吊次梁，先吊装底层再逐步吊装上层钢梁。

② 为了防止钢梁吊装过程中发生碰撞，在吊起钢梁之前必须用麻绳系紧节点之间，在吊装过程中逐步放松以此确保安装位置不发生误差。

③ 梁吊装就位后，安装工人在安全操作台上安装柱与梁连接螺栓，紧固所有连接螺栓，并安装好对角斜撑。

④ 框架梁的螺栓，应将螺栓的螺头向外侧、螺母向里侧安装。

5.2.3　预制构件安装

（1）叠合板的安装

叠合板安装工艺包括：检查钢梁平面标高→安装板底支撑→叠合板吊装→设置楼板预留孔→板间抹缝→钢筋安装、绑扎→管线铺设→浇注混凝土→拆除底板支撑。具体如下。

① 检查钢梁平面标高　用测量仪测量梁顶标高，确保叠合板在同一水平面。

② 安装板底支撑

a. 每根立杆设置 50mm（厚）×4m（长）木垫板。

b. 脚手架必须设置纵、横向扫地杆。纵向扫地杆采用直角扣件固定在距钢管低端不大于 200mm 处的立杆上。横向扫地杆采用直角扣件固定在紧靠纵向扫地杆下方的立杆上。

c. 脚手架底层步距均不大于 2m。

d. 每步的纵、横向水平杆应双向拉通。

③ 叠合板吊装　叠合板吊装时应慢起慢落，并避免与其他物体相撞。应保证起重设备吊钩、吊具和构件的重心在垂直方向上重合，吊索与预制构件的水平夹角不宜小于 60°，不应小于 45°。当吊点数量为 6 点时，应采用专用吊具，吊具应具有足够的承载能力和刚度。吊装时，吊钩应同时勾住钢筋桁架的上弦钢筋和腹筋。

a. 叠合板起吊之前，应对叠合板的质量进行检验，然后核对叠合板的型号。

b. 在铺板之前，应在梁上进行放线，并标注叠合板的型号，确保叠合板搭接长度满足要求；在可调节顶撑上架设木方或铝合金方通，调节木方（或方通）顶面至板底设计标高后，开始吊装预制叠合板。

c. 在吊装叠合板时，应保证叠合板保持水平。吊装过程应慢起慢落，避免速度过快产生较大的惯性力。

d. 叠合板的吊具同桁架叠合板的吊具，使用标出的吊点进行起吊。吊装方法同桁架叠合板。

e. 吊装时按照铺板顺序进行，叠合板要放在木方的顶部，并在安装好之后对叠合板和梁的搭接长度进行检验，保证满足设计和规范要求，还要检查叠合板的钢筋长度是否达到要求。

④ 设置楼板预留孔

a. 当叠合板上需开孔时，应该在开孔的位置配置附加钢筋，确保叠合板的强度。根据叠合板所承受的荷载选取附加钢筋，附加钢筋的直径不应小于 10mm。

b. 垂直于板肋方向的附加钢筋应伸至肋边，平行于板肋方向的附加钢筋应伸过洞边距离不小于 40d（d 为附加钢筋直径）。

⑤ 板间抹缝　叠合板之间的缝隙应用 M10 水泥砂浆抹灰，防止叠合板在浇注混凝土时漏浆。

⑥ 钢筋安装、绑扎　布置横向受力钢筋、分布筋和板面支座负筋。

⑦ 管线铺设　预埋管线可布置于叠合板板肋间并从桁架筋下部穿过。开关盒、灯台、烟感器等应选在板拼缝处安装；若不在拼缝处，可以选择在需要安装的位置留出合适宽度的现浇板带。预埋管线如图 5.1 所示。

⑧ 浇注混凝土

a. 叠合层混凝土的浇注必须满足《混凝土结构工程施工质量验收规范》（GB 50204—2015）中相关规定的要求。

b. 浇注叠合层混凝土前，必须将 PK 板表面清扫干净并浇水充分湿润。

c. 浇注叠合层混凝土时，应用平板振动器振捣密实，以保证后浇混凝土与 PK 板叠合成一整体。

d. 浇注完成后，应按相关施工规范规定对混凝土进行养护。

⑨ 拆除底板支撑

a. 叠合板拆除底部支撑时，叠合层混凝土的强度应满足 GB 50204—

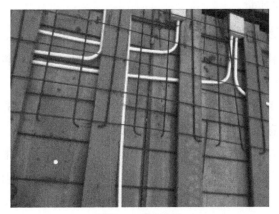

图 5.1　预埋管线

2015《混凝土结构工程施工质量验收规范》中相关规定的要求。

　　b. 拆除叠合板底部支撑时，叠合层混凝土的强度应达到设计的混凝土立方体抗压强度标准值的 75% 以上。

（2）预制墙板安装

　　预制墙板施工工艺流程包括：检查预制墙板→墙板吊装→固定墙板→浇注混凝土。

　　① 检查预制墙板　吊装前，应先检查预制墙板是否有损坏，外露钢筋的位置、尺寸及规格是否与图纸要求一致。

　　② 墙板吊装

　　a. 施工人员根据构件编号，按照顺序将预制构件吊到相应的位置。构件绑扎必须牢固，起吊点应通过构件的重心位置。吊开时应平稳，避免振动或摆动，构件就位或固定前，不得解开吊装索具，以防构件坠落伤人。起吊构件时，速度不能太快，不能在高空停留太久，严禁猛升、降，以防构件脱落。构件安装后，应检查各构件的连接和稳定情况，当连接确定安全可靠，方可松钩、卸索。

　　b. 调整墙体的水平和垂直度，然后固定墙体。每层预制墙板安装后要进行复测，避免垂直度误差较大。

　　③ 固定墙板　本项目外墙板内置预埋件，可以通过焊接固定墙板。

　　④ 浇注混凝土　混凝土浇筑前，把预制墙板的内部空腔清理干净，可以洒点水，保证预制墙板内表面充分湿润，但不能留有明显水迹。空腔内浇筑混凝土应采用微膨胀细石混凝土，防止混凝土收缩产生裂缝，从原材料上

保证混凝土浇筑质量。

（3）预制楼梯安装

① 楼梯安装包括楼梯休息板、楼梯段、单跑楼梯梁等构件。安装次序一般为先安装休息板，然后安楼梯梁和楼梯段。

② 楼梯采用四点起吊，吊装带两长两短使梯段呈 45°下落至安装位置。

③ 安装休息板时，先在找平层上浇水泥浆（水灰比为 0.5，下同）一层，随即将板按线安装上，以保证板与墙体接触密实。在大模混凝土墙上安装休息板时，板担架端应高于另一端，以便板能倾斜插入支座洞内，并用撬杠拨正，使板两端伸入支座长度相等。在砖墙上装休息板时，应用预先做好的踏步样板，在上下两块休息板的踏步板支承面之间进行校核，以保证间距符合要求。

④ 楼梯梁在休息板安装完后，再根据梁的标高位置吊装，先倾斜插入另一端，再插入另一端，并在洞口水泥浆预浇后初凝前就位。

⑤ 楼梯段（或踏步板）吊装时，先在休息板的支承面上浇水湿润并做水泥浆一层，然后将楼梯段踏步面呈水平状态安装就位，使与支座接触严密，吊索与水平面夹角保持不小于 45°。将调整好的楼梯段用连接件与支座预埋件点焊牢固后方可卸钩，再按设计要求焊牢。

⑥ 每层楼梯安装后，应及时按设计要求将休息板与楼梯段（或梯踏步板）焊接牢固，焊缝厚 6mm，三面围焊。

⑦ 每层楼板两块楼梯段安装后，经检查位置、标高无误后，即可将休息板两端和休息板与内外墙之间的空隙支模，浇筑细石混凝土。楼梯段与休息板之间的缝隙用 C20 细石混凝土填灌严实并养护。

5.3
施工质量问题统计与分析

5.3.1 施工质量问题描述与统计

通过实地调查，收集装配式建筑工程项目的工作联系单、监理通知单、工程质量自检报告、质量例会会议纪要等 163 份书面文件,从中统计并分析与装配式建筑工程施工质量有关的数据,如表 5.1 所示。相关质量问题描述如下。

表 5.1　施工阶段质量问题统计表

序号	质量问题	频数	频率	累计频率
A	安装精度不达标	136	29.8%	29.8%
B	预制构件现场切割	108	23.7%	53.5%
C	预制构件破损	82	18.0%	71.5%
D	叠合板与梁搭接长度不够	48	10.5%	82%
E	灌浆不饱满	36	7.9%	89.9%
F	焊缝不达标	28	6.1%	96.1%
G	套筒连接错位	18	3.9%	100%

(1)安装精度不达标

叠合板安装完成后,叠合板之间空隙较大;预制墙板之间的空隙较大,高度不一。

(2)预制构件现场切割

当叠合板安装与柱冲突时,需要将叠合板与柱重叠的部分切割。现场切割精度不够,叠合板与柱之间空隙较大,部分叠合板将桁架割掉,影响叠合板强度。屋顶挑檐施工时,需搭设悬挑架,外墙没有预留洞口,现场切割时,墙内钢筋被割断。

(3)预制构件破损

预制构件现场堆放的区域出现不均匀沉降,预制构件受力不均出现裂缝、断裂现象。现场工作人员不按照施工方案吊装,在吊装过程中,预制构件产生裂缝、断裂;叠合板就位校正时,工人使用撬棍进行位置调整时用力过猛,使得叠合板的边缘出现损坏。

(4)叠合板与梁搭接长度不够

按照设计要求,叠合板与梁的搭接长度应满足 4cm,现场测量发现部分叠合板与梁的搭接长度没有达到设计要求。

(5)灌浆不饱满

因为灌浆套筒连接是新兴的一种连接方式,工人现场实际操作往往不够熟练，操作不够规范，在灌浆时没有将套筒内注满就停止灌浆或者灌浆孔已经排出浆液后没有进行及时封堵，导致了套筒内浆液不饱满，连接处强度不够，出现构件连接处有裂缝、连接不牢固等质量问题。

（6）焊缝不达标

在钢结构施工过程中，第三方检测机构到施工现场用检测仪器检测钢结构焊接情况，发现部分焊缝没有达到要求。

（7）套筒连接错位

构件套筒连接时钢筋与预制套筒位置错位偏移。

通过帕累托图对以上质量问题进行分析，如图5.2所示。

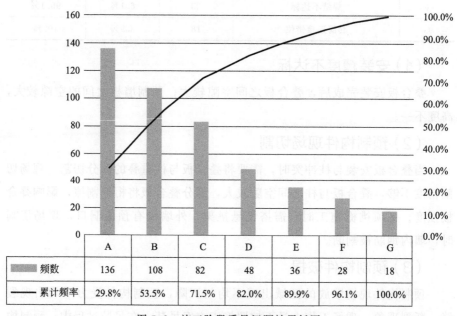

	A	B	C	D	E	F	G
频数	136	108	82	48	36	28	18
累计频率	29.8%	53.5%	71.5%	82.0%	89.9%	96.1%	100.0%

图5.2　施工阶段质量问题帕累托图

图5.2中，A为安装精度不达标；B为预制构件现场切割；C为预制构件破损；D为叠合板与梁搭接长度不够；E为灌浆不饱满；F为焊缝不达标；G为套筒连接错位。

施工阶段质量问题有7个。其中，主要质量问题有3个，分别为安装精度不达标、预制构件现场切割和预制构件破损；次要质量问题有2个，分别为叠合板与梁搭接长度不够、灌浆不饱满；一般质量问题有2个，分别为焊缝不达标、套筒连接错位。

5.3.2　施工质量问题分析

　　施工离不开设计,是按照设计图纸进行的物质生产的过程。在施工现场发现的质量问题,有可能是设计错误、不合理导致。装配式建筑已经将施工场所延伸到预制构件生产厂[48],预制构件的质量是影响装配式建筑质量最直接的因素。因此,通过实地调查,咨询施工现场管理人员、监理人员、设计人员和预制构件生产厂工作人员,对前述质量问题利用鱼骨图进行分析,如图 5.3~图 5.9 所示。

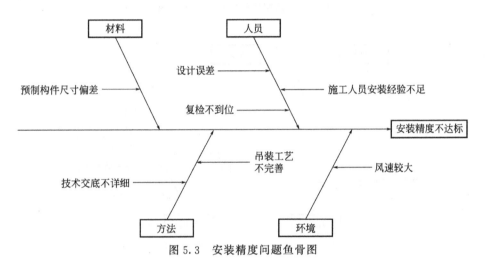

图 5.3　安装精度问题鱼骨图

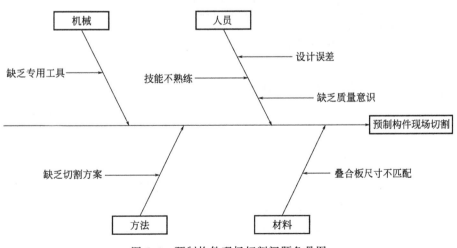

图 5.4　预制构件现场切割问题鱼骨图

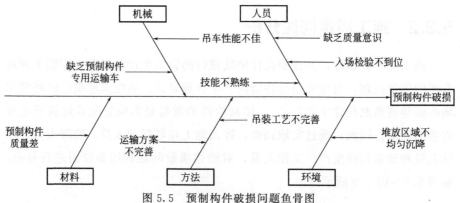

图 5.5　预制构件破损问题鱼骨图

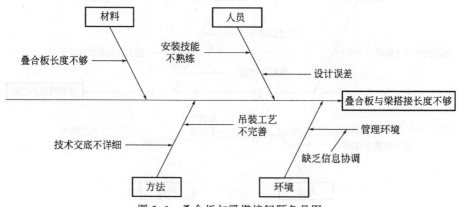

图 5.6　叠合板与梁搭接问题鱼骨图

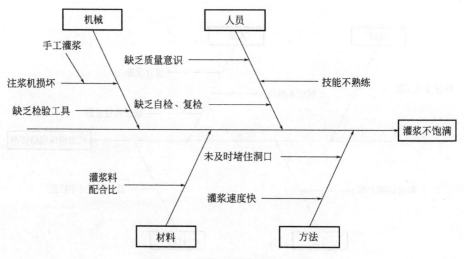

图 5.7　灌浆不饱满问题鱼骨图

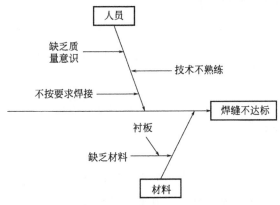

图 5.8 焊缝质量问题鱼骨图

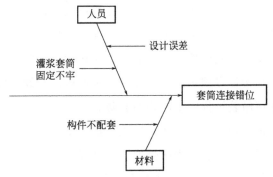

图 5.9 套筒连接错位问题鱼骨图

（1）安装精度不达标

人员因素：设计人员在进行构件拆分时以施工平面图为基础，将拆分的构件画在施工平面图上，在尺寸标注时容易出现尺寸偏差；现场施工人员对各种构件吊装工艺掌握不全面，技术不熟练，缺乏培训；预制构件吊装完成后缺乏验收程序。

材料因素：预制构件生产厂在对构件类型、尺寸进行统计时，由于统计量较大，统计过程出现数据偏差，造成生产出来的预制构件与实际需求的预制构件尺寸不相符。

方法因素：在技术交底时，施工人员没有完全掌握技术要求；吊装工艺不完善，不同的预制构件应采用不同的吊装方案。

环境因素：施工现场风速过大，预制构件在吊装过程中不易控制。

（2）预制构件现场切割

人员因素：缺乏产业工人，工人技能不熟练；不注重质量，对预制构件的处理不规范；设计人员在构件拆分设计时，没有考虑到预制构件的冲突问题。

机械因素：没有专用切割工具，预制构件现场切割不彻底，还需用锤子将被切割的部分砸掉。

材料因素：叠合板尺寸与现场实际尺寸不匹配，异形构件批量生产成本高、速度慢，部分预制构件需现场加工才能吊装。

方法因素：缺少预制构件加工方案，没有切割方案可依。

（3）预制构件破损

人员因素：预制构件入场时，没有进行质量检验；预制构件吊装时，作业人员技能不熟练，缺乏质量意识，吊装时预制构件发生碰撞。

机械因素：缺乏预制构件专用运输车，在运输过程中，预制构件缺乏保护容易破损，预制构件专用运输车能够减少预制构件装卸次数；吊车性能不稳定，预制构件在吊装过程中不能均匀起降。

材料因素：预制构件生产厂生产经验不足，工艺不完善，预制构件质量较差，在运输、存储、吊装过程中受力容易破损。

方法因素：预制构件在运输过程中，保护措施不完善，运输线路不合理，也会导致构件破损；在施工现场吊装过程，现场工人对吊装工艺不熟悉，如多块叠合板一起吊装，导致底部叠合板受力过大而破损，预制墙板不采用翻板机，直接在地面翻板，导致预制墙板产生裂缝。

环境因素：预制构件堆放区域发生不均匀沉降，导致预制构件破损。

（4）叠合板与梁搭接长度不够

人员因素：设计变更后，梁截面变小，设计人员未考虑叠合板搭接长度；施工人员吊装叠合板不规范，造成一面搭接长度过大，另一面搭接长度不够。

材料因素：叠合板长度与现场需要长度不匹配。

方法因素：技术交底不详细；吊装工艺不完善。

环境因素：缺乏信息协调，施工单位与预制构件生产厂使用的图纸不统一，预制构件生产厂出厂的构件与施工现场实际尺寸存在偏差。

（5）灌浆不饱满

人员因素：现场工人缺乏质量意识，对灌浆技术不熟练，缺乏自检、复检。

机械因素：灌浆套筒灌浆后，没有可靠的检验工具；注浆机损坏时，需用手工灌浆，灌浆速度慢，且灌浆质量无法保障。

材料因素：灌浆料应按照灌浆套筒供应商提供的材料配合比进行配料，灌浆料拌合后需要进行坍落度试验，达到要求后才能进行灌浆。

方法因素：灌浆时应先快后慢，灌浆套筒快灌满时，应放慢灌浆速度；浆料漏出时，应及时堵住洞口。

（6）焊缝不达标

人员因素：现场焊工缺乏质量意识，不按施工工艺焊接，技术不熟练。

材料因素：施工现场材料不足，没有准备焊接所需衬板。

（7）套筒连接错位

人员因素：设计人员在进行预制构件深化设计时，灌浆套筒位置标注尺寸错误；预制构件在生产时，灌浆套筒与钢筋绑扎不牢固，在构件生产过程中，灌浆套筒发生位移。

材料因素：预制构件不配套，下面的构件漏出的钢筋和上面构件的灌浆套筒不配套。

5.4
施工质量问题问卷设计

5.4.1　问卷调查目的

通过上述对施工质量问题的分析，得出装配式建筑施工质量问题的影响因素。本节通过发放调查问卷对装配式建筑施工质量问题产生的原因和控制措施进行定量统计和分析，找出装配式建筑施工质量的主要原因和解决思路。

5.4.2　问卷调查设计

问卷包括两个部分：

第一部分是导言，介绍调查的背景、目的和填写说明。

第二部分是装配式建筑施工质量问题产生的原因和控制措施的调查统计，是问卷的核心内容。问卷调查结构如图 5.10 所示。

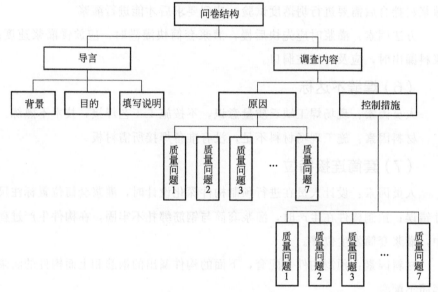

图 5.10　问卷调查结构

基于施工阶段质量问题统计表（表 5.1）和图 5.3～图 5.9 装配式建筑施工质量问题鱼骨图，设计"装配式建筑施工质量问题原因和控制措施统计调查问卷"。装配式建筑施工质量问题原因表和控制措施选项表如表 5.2 和表 5.3 所示。

表 5.2　装配式建筑施工质量问题原因表

序号	施工质量问题	原　因
1	安装精度不达标	(A)设计误差 (B)复检不到位 (C)施工人员安装经验不足 (D)预制构件尺寸偏差 (E)技术交底不详细 (F)吊装工艺不完善 (G)缺乏信息沟通 (H)其他

序号	施工质量问题	原 因
2	预制构件现场切割	(A)设计误差 (B)缺乏质量意识 (C)技能不熟练 (D)缺乏专用工具 (E)缺乏切割方案 (F)叠合板尺寸不匹配 (G)其他
3	预制构件破损	(A)入场检验不到位 (B)缺乏质量意识 (C)技能不熟练 (D)吊车性能不佳 (E)缺乏预制构件专用运输车 (F)预制构件质量差 (G)运输方案不完善 (H)吊装工艺不完善 (I)堆放区域不均匀沉降 (J)其他
4	叠合板与梁搭接长度不够	(A)设计误差 (B)安装技能不熟练 (C)叠合板长度不够 (D)技术交底不详尽 (E)吊装工艺不完善 (F)缺乏信息协调 (G)其他
5	灌浆不饱满	(A)技能不熟练 (B)缺乏质量意识 (C)缺乏自检、复检 (D)缺乏检验工具 (E)注浆机损坏 (F)灌浆料配合比 (G)灌浆速度快 (H)未及时堵住洞口 (I)其他
6	焊缝不达标	(A)技术不熟练 (B)缺乏质量意识 (C)不按要求焊接 (D)缺乏焊接材料;衬板 (E)其他
7	套筒连接错位	(A)设计误差 (B)灌浆套筒固定不牢 (C)预制构件不配套 (D)其他

表 5.3　装配式建筑施工质量问题控制措施选项表

序号	施工质量问题	控制措施
1	安装精度不达标	(A)加强工人管理 (B)运用 BIM 技术 (C)配置合理的机械设备 (D)加强对预制构件的质量检测 (E)完善施工工艺 (F)加强管理协调 (G)其他
2	预制构件现场切割	(A)加强工人管理 (B)运用 BIM 技术 (C)配置合理的机械设备 (D)加强对预制构件的质量检测 (E)完善施工工艺 (F)加强管理协调 (G)其他
3	预制构件破损	(A)加强工人管理 (B)运用 BIM 技术 (C)配置合理的机械设备 (D)加强对预制构件的质量检测 (E)完善施工工艺 (F)加强管理协调 (G)其他
4	叠合板与梁搭接长度不够	(A)加强工人管理 (B)运用 BIM 技术 (C)配置合理的机械设备 (D)加强对预制构件的质量检测 (E)完善施工工艺 (F)加强管理协调 (G)其他
5	灌浆不饱满	(A)加强工人管理 (B)运用 BIM 技术 (C)配置合理的机械设备 (D)加强对预制构件的质量检测 (E)完善施工工艺 (F)加强管理协调 (G)其他
6	焊缝不达标	(A)加强工人管理 (B)运用 BIM 技术 (C)配置合理的机械设备 (D)加强对预制构件的质量检测 (E)完善施工工艺 (F)加强管理协调 (G)其他

序号	施工质量问题	控制措施
7	套筒连接错位	(A)加强工人管理 (B)运用 BIM 技术 (C)配置合理的机械设备 (D)加强对预制构件的质量检测 (E)完善施工工艺 (F)加强管理协调 (G)其他

5.4.3　问卷分析

本问卷调查的对象包括从事装配式建筑的施工管理人员、监理人员以及甲方代表，问卷调查的对象具有长时间的实践经验或丰富的理论知识，故问卷调查结果具有较高的可信度。

本次问卷调查共发放问卷 70 份，收回 64 份，具体情况如表 5.4 所示。

表 5.4　调查问卷统计

调查问卷发放对象	发放数量	回收数量
施工管理人员	35	32
监理人员	20	18
甲方代表	15	14

5.4.4　问卷调查数据分析

（1）施工质量问题的原因分析

根据问卷调查结果，利用帕累托图找出影响安装精度达标的主要原因，如图 5.11 所示。

其中，原因 A 为设计误差；原因 B 为技术交底不详细；原因 C 为复检不到位；原因 D 为施工人员安装经验不足；原因 E 为预制构件尺寸偏差；原因 F 为吊装工艺不完善；原因 G 为风速较大；原因 H 为其他。

由图可知，安装精度不达标的主要原因为设计误差、技术交底不详细和复检不到位。

同理得出其他施工质量问题的主要原因如表 5.5 所示。

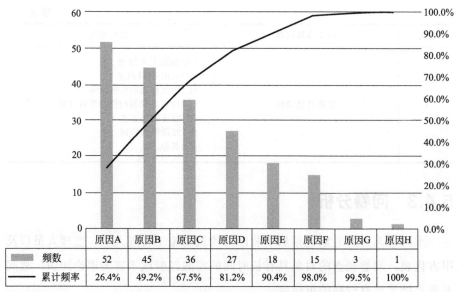

图 5.11　安装精度不达标原因帕累托图

表 5.5　装配式建筑施工质量问题主要原因

序号	施工质量问题	主要原因
1	安装精度不达标	设计误差、技术交底不详细、复检不到位
2	预制构件现场切割	设计误差、技能不熟练、叠合板尺寸不匹配
3	预制构件破损	入场检验不到位、缺乏预制构件专用运输车
4	叠合板与梁搭接长度不够	设计误差、叠合板长度不够、缺乏信息协调
5	灌浆不饱满	技能不熟练、缺乏检验工具
6	焊缝不达标	技术不熟练、不按要求焊接
7	套筒连接错位	设计误差

　　通过对表 5.5 进行整理可得出装配式建筑施工主要质量问题、次要质量问题和一般质量问题的主要原因，并根据 4M1E 进行分类，如表 5.6 所示。

表 5.6　装配式建筑施工质量主要原因分类

质量问题	主要原因				
	人员	机械	材料	方法	环境
主要质量问题	设计误差、复检不到位、技能不熟练、入场检验不到位	缺乏预制构件专用运输车	叠合板尺寸不匹配	技术交底不详细	

续表

质量问题	主要原因				
	人员	机械	材料	方法	环境
次要质量问题	设计误差、技能不熟练	缺乏检验工具	叠合板长度不够		缺乏信息协调
一般质量问题	技能不熟练、不按要求焊接、设计误差				

由表 5.6 可以看出，人员、机械和材料是影响装配式建筑施工质量的主要因素，其中人员是最重要的因素。

（2）施工质量问题控制措施分析

根据问卷调查结果，分别统计施工管理人员、监理人员和甲方代表针对主要质量问题所选择的控制措施，结果如表 5.7～表 5.10 所示。❶

表 5.7　安装精度不达标问题控制措施

控制措施	施工管理人员		监理人员		甲方代表		合计	
	数量	占比	数量	占比	数量	占比	数量	占比
加强工人管理	7	21.9%	5	27.8%	2	14.3%	14	21.9%
运用 BIM 技术	11	34.4%	8	44.4%	9	64.3%	28	43.8%
配置合理的机械设备	5	15.6%	1	5.6%	0	0%	6	9.4%
加强对预制构件的质量检测	4	12.5%	2	11.1%	0	0%	6	9.4%
完善施工工艺	3	9.4%	0	0%	1	7.1%	4	6.3%
加强协调管理	1	3.1%	2	11.1%	2	14.3%	5	7.8%
其他	1	3.1%	0	0%	0	0%	1	1.6%

由表 5.7 可以看出，对于安装精度不达标问题：施工管理人员和监理人员选择运用 BIM 技术和加强工人管理比较多；甲方代表选择运用 BIM 技术、加强工人管理和加强协调管理比较多。总的来看选择运用 BIM 技术的人数最多，其次是加强工人管理。

---

❶ 表 5.7～表 5.10 中占比数据仅保留一位小数，为近似数，故表中的某一影响因素各项控制措施占比数据之和可能不为 100%，而是约为 100%。

表 5.8　预制构件现场切割问题控制措施

控制措施	施工管理人员		监理人员		甲方代表		合计	
	数量	占比	数量	占比	数量	占比	数量	占比
加强工人管理	9	28.1%	5	27.8%	1	7.1%	15	23.4%
运用 BIM 技术	12	37.5%	8	44.4%	7	50%	27	42.2%
配置合理的机械设备	4	12.5%	3	16.7%	3	21.4%	10	15.6%
加强对预制构件的质量检测	0	0%	1	5.6%	1	7.1%	2	3.1%
完善施工工艺	7	21.9%	1	5.6%	0	0%	8	12.5%
加强协调管理	0	0%	0	0%	2	14.3%	2	3.1%

由表 5.8 可以看出，对于预制构件现场切割问题：施工管理人员和监理人员选择运用 BIM 技术和加强工人管理，50% 的甲方代表选择运用 BIM 技术，21.4% 的甲方代表选择配置合理的机械设备。总的来看选择运用 BIM 技术的最多，其次是加强工人管理。

表 5.9　预制构件破损问题控制措施

控制措施	施工管理人员		监理人员		甲方代表		合计	
	数量	占比	数量	占比	数量	占比	数量	占比
加强工人管理	4	12.5%	1	5.6%	1	7.1%	6	9.4%
运用 BIM 技术	7	21.9%	5	27.8%	1	7.1%	13	20.3%
配置合理的机械设备	5	15.6%	7	38.9%	2	14.3%	14	21.9%
加强对预制构件的质量检测	9	28.1%	3	16.7%	4	28.6%	16	25.0%
完善施工工艺	2	6.3%	2	11.1%	3	21.4%	7	10.9%
加强协调管理	3	9.4%	0	0.0%	3	21.4%	6	9.4%
其他	2	6.3%	0	0.0%	0	0.0%	2	3.1%

由表 5.9 可以看出，对于预制构件破损问题：28.1% 的施工管理人员选择加强对预制构件的质量检验，21.9% 的施工管理人员选择运用 BIM 技术；38.9% 的监理人员选择配置合理的机械设备，27.8% 的监理人员选择运用 BIM 技术；甲方代表选择加强对预制构件的质量检测最多，其次是完善施工工艺和加强协调管理。总的来看，选择加强对预制构件的质量检测的最多，其次是配置合理的机械设备和运用 BIM 技术。

表 5.10　主要施工质量问题控制措施

控制措施	施工管理人员		监理人员		甲方代表		合计	
	数量	占比	数量	占比	数量	占比	数量	占比
加强工人管理	20	20.8%	11	20.4%	4	9.5%	35	18.2%
运用 BIM 技术	30	31.3%	21	38.9%	17	40.5%	68	35.4%
配置合理的机械设备	14	14.6%	11	20.4%	5	11.9%	30	15.6%
加强对预制构件的质量检测	13	13.5%	6	11.1%	5	11.9%	24	12.5%
完善施工工艺	12	12.5%	3	5.6%	4	9.5%	19	9.9%
加强协调管理	4	4.2%	2	3.7%	7	16.7%	13	6.8%
其他	3	3.1%	0	0.0%	0	0.0%	3	1.6%

　　表 5.10 总结了三个主要施工质量问题的数据，施工管理人员主要选择了运用 BIM 技术和加强工人管理；监理人员主要选择了运用 BIM 技术、配置合理的机械设备和加强工人管理；甲方代表主要选择了运用 BIM 技术、配置合理的机械设备和加强对预制构件的管理。从表 5.10 可以看出，有 35.4% 的人员认为运用 BIM 技术可以对装配式建筑质量进行有效控制。

第6章
基于 BIM 的装配式建筑工程项目施工质量控制

6.1
BIM 在装配式建筑质量研究中的现状

建筑信息模型（Building Information Modeling，BIM）是一种基于 3D 空间的数字技术，集成了建筑工程项目各相关信息的工程数据模型的数字化表达[134]。1975 年，乔治亚理工大学的 Chuck Eastman 教授在其研究的 "Building Description System" 课题中提出了 "A computer-based description of a building"[135]，构建了早期的 BIM 概念。2002 年，美国的 Autodesk 公司发布《BIM 白皮书》，界定了 BIM 的内涵和外延并全面推广 BIM。关于 BIM 的定义有很多种，普遍接受的 BIM 定义来自美国建筑科学院的美国国家 BIM 标准。美国国家 BIM 标准（NBIMS）对 BIM 的定义由三部分组成：

① BIM 是一个建设项目物理和功能特性的数字表达；

② BIM 是一个共享的知识资源，是一个分享有关建设项目的信息，为该设施从概念到报废拆除的全生命周期中的所有决策提供可靠依据的过程；

③ 在项目的不同阶段，不同利益相关方通过在 BIM 中插入、提取、更新和修改信息，以支持和反映其各自职责的协同作业。

6.2
基于 BIM 的装配式建筑工程项目施工质量方案

6.2.1　方案总体框架

目前 BIM 的应用还未成熟：有的建设单位将 BIM 外包，BIM 外包单位作为咨询为项目提供服务；有的则是设计单位出具 2D 图纸，施工单位应用 BIM 技术作为施工过程的管控手段。BIM 的应用涉及建设单位、设计单位、施工单位和监理单位等。建设单位作为项目的决策者对 BIM 的应用起主导作用，从设计阶段就采用 BIM 技术，让 BIM 技术的应用具有连贯性和系统性，充分发挥 BIM 技术的优势；设计单位在不同的设计阶段出具设计深度不同的 3D 模型，到了施工图设计阶段，出具能够指导施工的 3D 模型；施工单位根据 3D 模型制定施工方案、安排施工进度计划，在 3D 模型的基础上增加时间变量，以 3D 的形态展示工程项目建造的过程，调整施工方案中不合理的施工工艺及工序，制定更加合理的施工方案；监理单位以规范、图集和 3D 模型为依据，检查工程项目所用的材质、施工工艺是否满足要求。

6.2.2　建立 BIM 模型

建立 BIM 模型是利用 BIM 技术对施工质量控制的第一步，是 BIM 功能实现的基础。本书采用 Revit 软件对装配式建筑进行建模。建模前，需要导入装配式建筑所需的预制构件族，然后根据设计图纸上标明的预制构件尺寸进行建模，建立的模型如图 6.1 所示。

6.2.3　碰撞检测

（1）预制构件之间的碰撞

预制构件生产之前，需要从图纸中提取规格尺寸，图纸尺寸标识错误、提取数据错误都会导致运送到施工现场的预制构件出现无法安装的情况。对

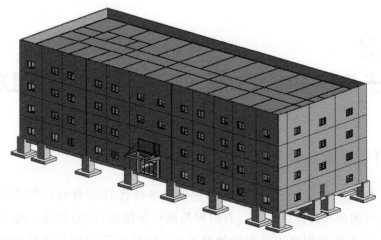

图 6.1　BIM 模型

预制构件进行碰撞检测、直接从模型中提取预制构件的规格尺寸,可以避免
上述情况发生。

　　Navisworks 具有碰撞检测的功能,本书使用 Navisworks 对 BIM 模型
进行碰撞检测。对装配式建筑 BIM 模型进行碰撞检测,除了检测到预制构
件之间的重叠,还能够发现管线布置不合理外。Navisworks 的碰撞检测按
碰撞类型分为四种,如表 6.1 所示。

表 6.1　碰撞检测类型及功能

碰撞检测类型	功　能
硬碰撞	硬碰撞执行的检测标准是在两个项目的任何三角形之间是否相交,会遗漏没有三角形相交的项目之间的碰撞
硬碰撞(保守)	硬碰撞(保守)可以检测到几何三角形不相交,但实际发生碰撞的项目,例如两个平行的管道,其末端轻微重叠
间隙	间隙碰撞是检测两个项目的距离是否在设定的长度之内,如果两个项目的间距在设定的长度之内,则认为两个项目发生碰撞
重复项	重复项是对模型自身的检测,可以确保一部分未绘制或绘制两次

　　注意:Navisworks 几何图形是由三角形构成。

　　碰撞检测流程如图 6.2 所示。首先将 BIM 模型导入 Navisworks,点击
"Clash Detective" 功能,然后添加测试。对预制构件进行碰撞检测时,使
用硬碰撞,在 "选择 A" 和 "选择 B" 区域选择所需碰撞检测的对象,点击
"运行测试",就可以进行本项目的碰撞检测,如图 6.3 所示。

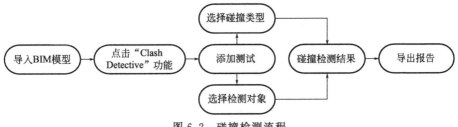

图 6.2　碰撞检测流程

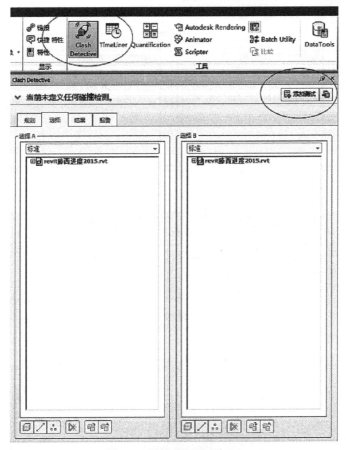

图 6.3　碰撞检测类型（1）

然后选择碰撞检测类型和对象，碰撞检测类型根据功能需求，选择"硬碰撞"，碰撞对象选择预制构件，如图 6.4 所示。

最后开始检测，查看检测结果。碰撞结果显示，本项目共有 30 处碰撞结果，其中预制构件之间的碰撞有 23 处，管线碰撞 5 处，预留洞口 2 处（图 6.5～图 6.6）。

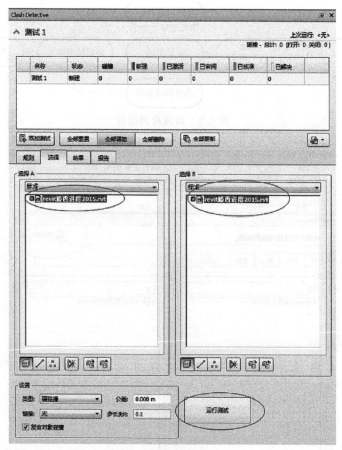

图 6.4 碰撞检测类型（2）

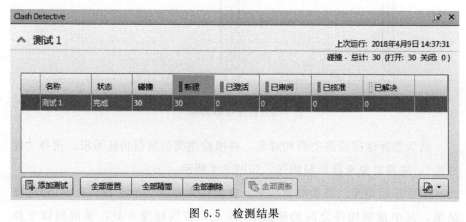

图 6.5 检测结果

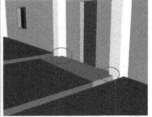

图 6.6　预制构件碰撞检测结果

（2）叠合板与梁的搭接长度检测

叠合板与梁的搭接长度直接用碰撞检测是检测不到的，直接从模型中寻找也比较困难，可以通过以下方式找出叠合板与梁的搭接长度。

首先在 Revit 修改叠合板的偏移量，使叠合板上表面与梁上表面对齐，如图 6.7 所示。

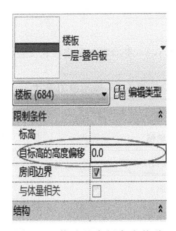

图 6.7　修改叠合板高度偏移

然后进行碰撞检测，检测对象选择叠合板和梁，碰撞类型选择硬碰撞，生成结果后筛选不符合搭接长度要求的叠合板，然后导出报告。碰撞结果显示，本项目共有 17 个叠合板与梁搭接长度不足的问题，如图 6.8 所示。

（3）碰撞检测统计

通过碰撞检测，本项目提前发现图纸错误 47 处，如表 6.2 所示，将上述问题反映给设计院，并联系预制构件生产厂修改生产计划。

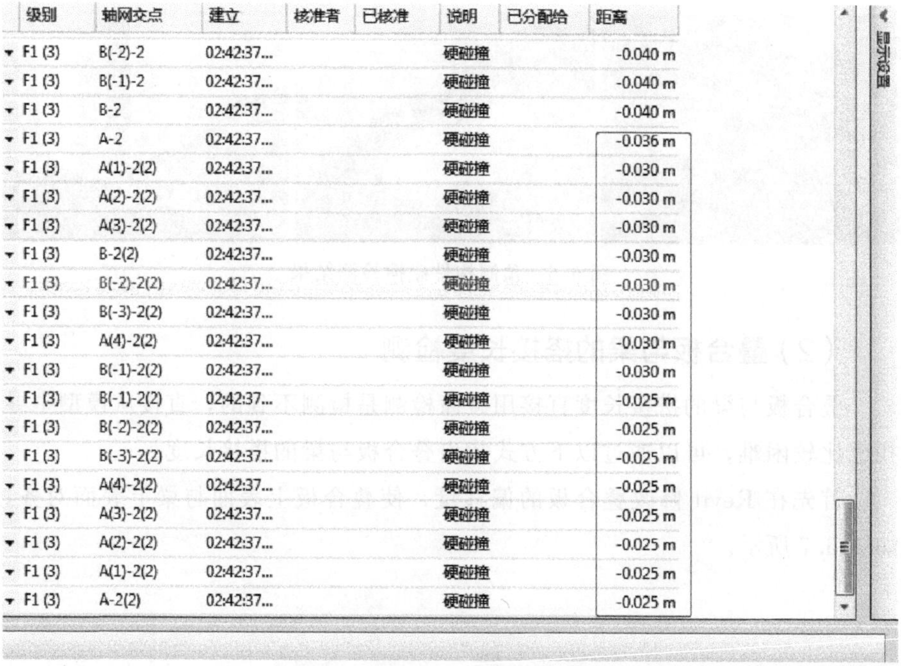

级别	轴网交点	建立	核准者	已核准	说明	已分配给	距离
▾ F1 (3)	B(-2)-2	02:42:37…			硬碰撞		-0.040 m
▾ F1 (3)	B(-1)-2	02:42:37…			硬碰撞		-0.040 m
▾ F1 (3)	B-2	02:42:37…			硬碰撞		-0.040 m
▾ F1 (3)	A-2	02:42:37…			硬碰撞		-0.036 m
▾ F1 (3)	A(1)-2(2)	02:42:37…			硬碰撞		-0.030 m
▾ F1 (3)	A(2)-2(2)	02:42:37…			硬碰撞		-0.030 m
▾ F1 (3)	A(3)-2(2)	02:42:37…			硬碰撞		-0.030 m
▾ F1 (3)	B-2(2)	02:42:37…			硬碰撞		-0.030 m
▾ F1 (3)	B(-2)-2(2)	02:42:37…			硬碰撞		-0.030 m
▾ F1 (3)	B(-3)-2(2)	02:42:37…			硬碰撞		-0.030 m
▾ F1 (3)	A(4)-2(2)	02:42:37…			硬碰撞		-0.030 m
▾ F1 (3)	B(-1)-2(2)	02:42:37…			硬碰撞		-0.030 m
▾ F1 (3)	B(-1)-2(2)	02:42:37…			硬碰撞		-0.025 m
▾ F1 (3)	B(-2)-2(2)	02:42:37…			硬碰撞		-0.025 m
▾ F1 (3)	B(-3)-2(2)	02:42:37…			硬碰撞		-0.025 m
▾ F1 (3)	A(4)-2(2)	02:42:37…			硬碰撞		-0.025 m
▾ F1 (3)	A(3)-2(2)	02:42:37…			硬碰撞		-0.025 m
▾ F1 (3)	A(2)-2(2)	02:42:37…			硬碰撞		-0.025 m
▾ F1 (3)	A(1)-2(2)	02:42:37…			硬碰撞		-0.025 m
▾ F1 (3)	A-2(2)	02:42:37…			硬碰撞		-0.025 m

图 6.8　叠合板与梁搭接长度检测

表 6.2　碰撞检测统计

图纸问题	数量
预制构件碰撞	23
叠合板与梁搭接长度不够	17
管线碰撞	5
预留洞口错位	2
合计	47

6.2.4　施工模拟

BIM 模型建立完成后，开始对整个项目进行施工模拟。利用 Revit 软件建立的模型是一个包含建筑物构成材料的 3D 模型，在 3D 模型的基础上添加时间轴就可以得到一个 4D 模型。目前具有施工模拟功能的软件非常多，如品茗 BIM 施工策划软件、广联达 BIM 5D、Navisworks 和 Synchro 等。Navisworks 操作简单、成本低，能够满足施工需求，因此使用 Navisworks

模拟施工。

利用 Navisworks 进行施工模拟有两种方法：一种是用 TimeLiner 自带的功能进行模拟；一种是利用专门编制施工进度计划的软件，导入施工进度计划，进行施工模拟。

下面介绍采用 Navisworks 和 Project 两款软件对 BIM 模型进行施工模拟。

① 将 BIM 模型导入 Navisworks 中。对 BIM 模型中的预制构件进行归档整理，把同一工序中的预制构件进行合并，保存为预制构件集合，如图 6.9 所示。

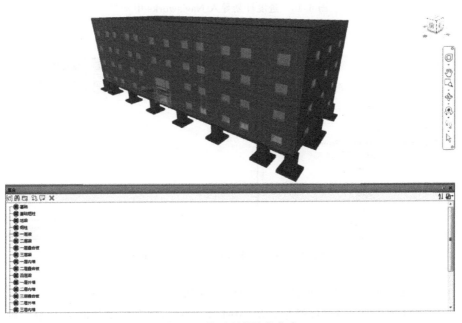

图 6.9　设置预制构件集合

② 在 Project 中编制施工进度计划。在编制计划时，Project 中的任务名称与 Navisworks 中的构件集保持一致。将进度计划导入 Navisworks 中，如图 6.10 所示。

③ 将导入的进度计划与 BIM 模型进行关联。首先进行重建任务层次，将 Project 中的进度计划导入 TimeLiner 的任务栏中；然后选择自动附着规则，将构件集附着到任务栏中；最后将任务类型选择为构造，如图 6.11～图 6.12 所示。

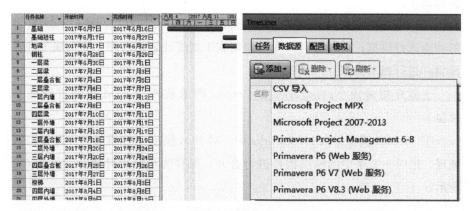

图 6.10　进度计划导入 Navisworks 中

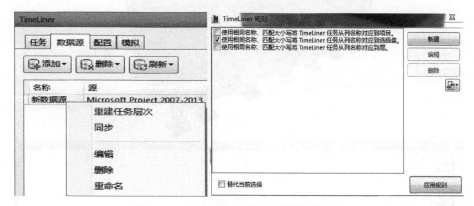

图 6.11　重建任务层次、自动附着规则

④ 进行施工模拟，如图 6.13～图 6.14 所示。

BIM 模型是一个 3D 模型，给 BIM 模型中的每个族增加时间变量，可以在 Navisworks 中展现梁、板、柱的先后施工过程，展现施工节点。工程在施工阶段会遇到各种问题，通过施工模拟，将工程的建设过程以 3D 模式展现出来，预先演示施工现场条件、施工工艺顺序及施工中的重点难点，减少因设计的误差而耽误工程的进度。

6.2.5　优化施工方案

利用 4D 模型查看施工的各个阶段。根据施工模拟，可以对进度、成本、质量控制点等选择最优的施工方案，如图 6.15 所示。

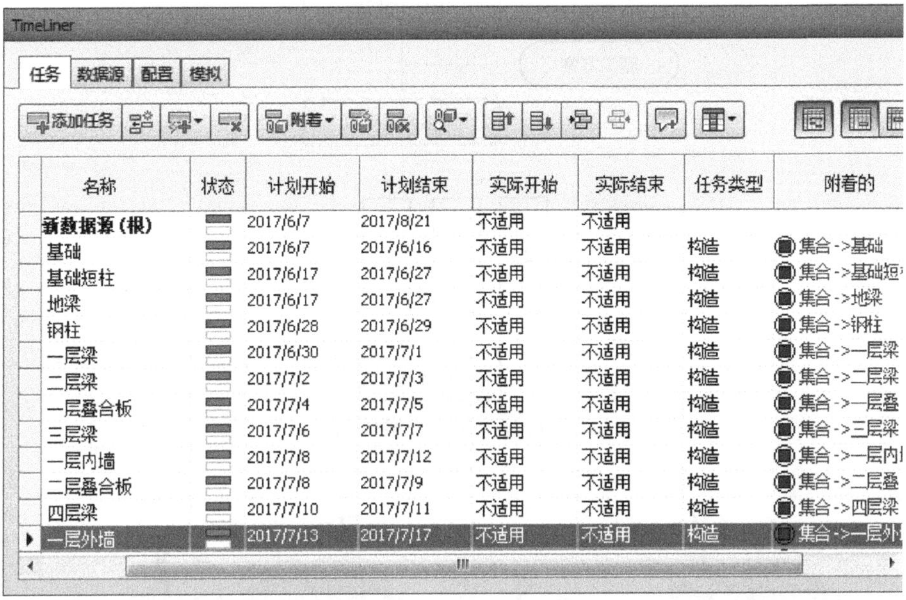

TimeLiner								
任务 数据源 配置 模拟								

名称	状态	计划开始	计划结束	实际开始	实际结束	任务类型	附着的
新数据源（根）		2017/6/7	2017/8/21	不适用	不适用		
基础		2017/6/7	2017/6/16	不适用	不适用	构造	集合->基础
基础短柱		2017/6/17	2017/6/27	不适用	不适用	构造	集合->基础短
地梁		2017/6/17	2017/6/27	不适用	不适用	构造	集合->地梁
钢柱		2017/6/28	2017/6/29	不适用	不适用	构造	集合->钢柱
一层梁		2017/6/30	2017/7/1	不适用	不适用	构造	集合->一层梁
二层梁		2017/7/2	2017/7/3	不适用	不适用	构造	集合->二层梁
一层叠合板		2017/7/4	2017/7/5	不适用	不适用	构造	集合->一层叠
三层梁		2017/7/6	2017/7/7	不适用	不适用	构造	集合->三层梁
一层内墙		2017/7/8	2017/7/12	不适用	不适用	构造	集合->一层内墙
二层叠合板		2017/7/8	2017/7/9	不适用	不适用	构造	集合->二层叠
四层梁		2017/7/10	2017/7/11	不适用	不适用	构造	集合->四层梁
一层外墙		2017/7/13	2017/7/17	不适用	不适用	构造	集合->一层外

图 6.12 选择任务类型

图 6.13 模拟施工图（1）

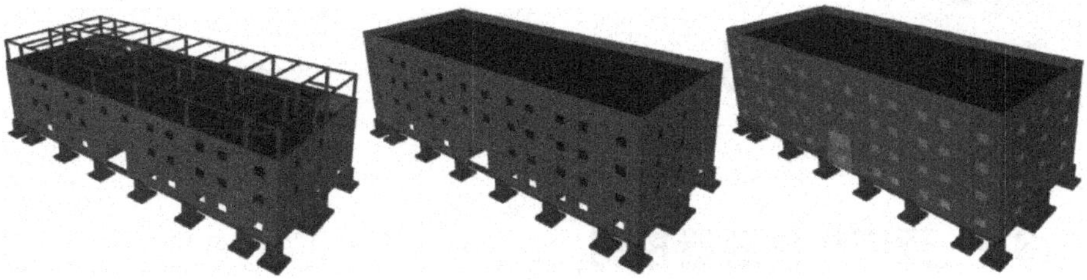

图 6.14 模拟施工图（2）

施工管理人员通过模拟，检查施工机械布置、材料堆放、现场交通等是否合理，查看各工序直接的搭接，预估施工所需的人员、机械、材料和技术方案，如图 6.16 所示。

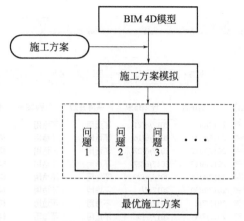

图 6.15　施工方案优化

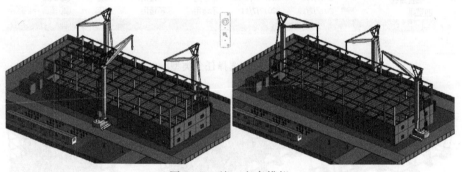

图 6.16　施工方案模拟

6.3
事中质量控制

6.3.1　预制构件质量控制

预制构件种类多、数量大、体积大、容易损坏，是质量控制的重点。预制构件质量控制流程如图 6.17 所示。

利用 BIM 技术对预制构件的质量进行控制，并将每个阶段的照片上传至 BIM 模型。

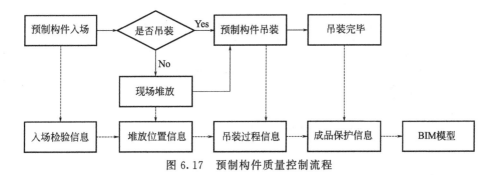

图 6.17　预制构件质量控制流程

① 预制构件在入场时，对预制构件的质量进行检验，质量检验合格后将构件编号、构件类型、构件尺寸、质检人、现场存放位置等信息输入 BIM 模型，如图 6.18 所示。

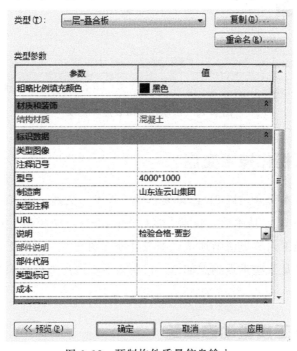

图 6.18　预制构件质量信息输入

② 根据施工进度计划要求，进行预制构件的现场堆放与吊装。在预制构件堆放过程中检查预制构件是否破损，将质量信息录入 BIM 模型；在预制构件吊装过程中，记录吊装过程中预制构件的质量，如图 6.19 所示。

③ 预制构件安装完成后，记录预制构件质量及保护状态。

图 6.19　预制构件吊装过程记录

6.3.2　可视化技术交底

传统的技术交底是以 2D 图纸为基础，技术人员通过语言对施工工艺进行描述。利用 BIM 技术后，技术人员可以直接在 BIM 模型上对施工过程进行演示，使施工人员更清晰地认识施工过程（图 6.20），以及应该注意的施工节点。尤其是某些重点难点部位，仅用文字及图片进行技术交底，难以交代清楚。

6.3.3　施工质量动态跟踪

对装配式建筑进行事中质量控制的重点是对装配式建筑的每一道工序进行质量控制，包括工序施工的质量信息和施工过程中的质量问题。从预制构件的吊装、支撑固定、节点施工到工序施工完成，在施工过程中进行质量监控，形成质量信息，将每一道工序的质量信息和问题上传至 BIM 4D 模型，实现施工质量动态跟踪。如图 6.21 所示为施工工序的质量控制图。

图 6.20　预制外墙安装技术交底

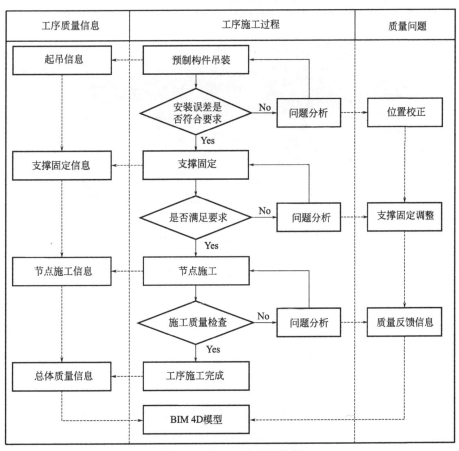

图 6.21　施工工序质量控制

在施工过程中，把质量数据上传到 BIM 4D 模型，就生成 BIM 5D 模型。在 BIM 5D 模型中，可以使用不同的颜色代表施工的情况。在质量检验之前，未施工的部位不显示，正在施工的部位为蓝色，施工完毕的部位为绿色。在进行质量检验之后，质量合格的部位取决于建立模型时的材质颜色，质量不合格的部位用红色标识，如表 6.3 和图 6.22 所示。

表 6.3　BIM 5D 模型中的质量状态

时间	质量状态	颜色表示
质量检验前	未施工	处于隐藏状态
	正在施工	蓝色
	施工完毕	绿色
质量检验后	质量检测合格	取决于材质
	质量检测不合格	红色

图 6.22　BIM 5D 模型中的质量状态

6.4
事后质量控制

事后质量控制是利用信息反馈实施质量控制，控制的重点是今后的生产活动，其主要思想是总结过去的经验与教训，把今后的事情做得更好。

在装配式建筑工程项目施工过程中，质量的信息不断完善，在项目施工完毕后，得到一个包含进度和质量的 BIM 5D 模型，内容包括工程质量验收记录、工程材料/设备/构配件审查文件、工程质量事故处理文件、监理工作报告等。施工单位管理人员按照施工规范和标准，对 BIM 5D 模型进行检查，找出需要完善改进的部位，查看是否有遗漏的质量问题，总结施工过程中的质量问题，为以后提供借鉴。在不断的施工过程中，对施工质量控制点进行补充，为以后项目的事前、事中质量控制提供数据支持。

附录
混凝土预制构件质量问题调查问卷

尊敬的先生/女士：

您好！首先，非常感谢您在百忙之中抽出时间做此问卷。

目前我们正在进行一项有关混凝土预制构件质量问题的统计分析的研究，旨在了解引起混凝土预制构件质量问题的主要原因。本问卷不记名，您的回答将会对混凝土预制构件产品质量的提升起到重要的推动作用，非常感谢您的配合！

恭祝商祺！

以下选项均可单选或多选，在符合要求的答案下方打√。

您从事的相关工作单位是（　　　）。

（A）生产　　　　（B）管理　　　　（C）施工　　　　（D）设计

一、墙板质量问题

1.预制墙板表面出现蜂窝、麻面等问题的主要原因有（　　　）。

（A）工人工序操作不当

（B）自检、复检不到位

（C）振捣不实

（D）混凝土配比不当

（E）布料不当（布料过快或过多）

（F）模板表面未清理干净

（G）模具拼装不规范

（H）温度、湿度不适宜

（I）其他

2.混凝土预制构件的毛边处理不干净的主要原因有（　　　）。

（A）工人工序操作不当

（B）模具拼装不规范

（C）对预留槽固定不稳定

（D）冲洗压力不足

（E）其他

3.保温墙板中的保温连接件被压断的主要原因有（　　）。

（A）自检、复检不到位

（B）混凝土重量过大

（C）模具拼装不规范

（D）转运设备不易操控

（E）其他

4.预制墙板水电预留槽翘起的主要原因有（　　）。

（A）员工自检、复检不到位

（B）工人工序操作不当

（C）对预留槽固定不稳定

（D）混凝土重量过大

（E）其他

二、叠合板质量问题

5.预制叠合板出现缺角掉棱现象的主要原因有（　　）。

（A）工人工序操作不当

（B）转运设备不易操控

（C）拆模、转运过程保护不到位

（D）养护不到位

（E）混凝土配比不当

（F）温度、湿度不适宜

（G）其他

6.叠合板表面存在细纹的主要原因有（　　）。

（A）工人工序操作不当

（B）混凝土配比不当

（C）振捣不密实

（D）养护不到位

（E）抹光操作不到位

（F）其他

7. 叠合板预留孔洞偏小的主要原因有 （　　　）。

（A）工人工序操作不当

（B）混凝土溢进预留孔洞

（C）缺乏规范的作业流程

（D）其他

8. 叠合板的平整度、感官度较差的主要原因有（　　　）。

（A）工人工序操作不当

（B）抹光操作不到位

（C）混凝土配比不当

（D）搅拌不充分

（E）振捣不密实

（F）温度、湿度不适宜

（G）其他

三、经常出现的共同问题

9. 外露钢筋弯折及移位的主要原因有 （　　　）。

（A）工人工序操作不当

（B）转运设备不易操控

（C）钢筋强度不达标

（D）拆模、转运过程保护不到位

（E）其他

10. 构件附件不全的主要原因有 （　　　）。

（A）工人工序操作不当

（B）温度、湿度不适宜

（C）缺乏规范的作业流程

（D）自检、复检不到位

（E）其他

11. 钢筋不洁的主要原因有 （　　　）。

（A）工人工序操作不当

（B）涂刷脱模剂，沾上油污

（C）没有规范具体的作业流程

（D）自检、复检不到位

（E）其他

12.发生混凝土脱浆的主要原因有（　　　）。

（A）外加剂掺量过大

（B）减水剂减水率太高

（C）搅拌不充分

（D）沙子太粗

（E）其他

13.构件尺寸过大的主要原因有（　　　）。

（A）工人工序操作不当

（B）构件拆分不合理

（C）模台变形

（D）模具拼装不规范

（E）其他

参 考 文 献

[1] 新华社.图表：2018 年全年全社会建筑业增加值 61808 亿元 [Z].2019.

[2] 国家统计局.2019 年国民经济统计报告 [R].2020.

[3] 中国建筑业协会.2018 年建筑业发展统计分析 [J].工程管理学报，2019, 33 (2)：1-6.

[4] 简新华，黄锟.中国城镇化水平和速度的实证分析与前景预测 [J].中国特色社会主义研究，2011 (s2)：60-71.

[5] 姚晓光.坚持科学发展观推动建筑节能工作 [J].天津建设科技，2009, 19 (1)：4-5, 50.

[6] 何熹.量面保温：建筑节能的"顶"层工作 [J].保温材料与节能技术，2018 (1).

[7] 刘志强.绿色建筑理念在建筑设计中的应用 [J].城市建设理论研究，2017 (16)：106-107.

[8] 赵少杰，曹蔚奇.建筑业农民工队伍建设的实践与思考 [J].中国建设教育，2008 (1)：4-7.

[9] 叶明.工业化，建筑业的一场革命 [C].2015 国际工业化住宅设计与建造峰会，2015.

[10] 黄居正.建筑·媒体·媒体建筑 [J].时代建筑，2014 (6)：60-61.

[11] 叶明.建筑产业现代化不等于装配化 [J].住宅产业，2014 (10)：1.

[12] 单英华.面向建筑工业化的住宅产业链整合机理研究 [D].哈尔滨：哈尔滨工业大学，2014.

[13] 杨家骥，刘美霞.我国装配式建筑的发展沿革 [J].住宅产业，2016 (08)：14-21.

[14] 蒋勤俭.国内外装配式混凝土建筑发展综述 [J].建筑技术，2010, 41 (12)：1074-1077.

[15] 陈振基.我国建筑工业化 60 年政策变迁对比 [J].建筑技术，2016, 47 (04)：298-300.

[16] 修龙，赵林，丁建华.建筑产业现代化之思与行 [J].建筑技艺，2014 (06)：30-33.

[17] 兰兆红，严伟.我国装配式建筑当前发展存在的问题及应对建议研究 [J].价值工程，2017 (15).

[18] 优采研究院.2018 年全国装配式建筑市场研究报告 [J].建筑市场与招标投标，2018 (5).

[19] 王艺静.国务院部署大力发展装配式建筑 8 项重点任务 力争用 10 年左右的时间，使装配式建筑占新建建筑面积的比例达到 30% [J].中国勘察设计，2016 (11)：8.

[20] 邵家骏.以满足顾客需求为中心的质量管理 [C].首届亚洲质量网大会暨第 17 届亚洲质量研讨会——首届中国质量学术论坛，2003.

[21] 苏秦.质量管理与可靠性 [M].北京：机械工业出版社，2013.

[22] 丁世民.ISO 9000 族质量管理体系标准及应用 [M].合肥：安徽大学出版社，2008.

[23] 胡铭.现代质量管理学 [M].武汉：武汉大学出版社，2010.

[24] 张公绪，孙静.新编质量管理学 [M].北京：高等教育出版社，2003.

[25] 刘书庆，向淋勇.基于 ISO 9000 族标准的质量管理体系文件编制研究 [J].工业工程，2005 (5)：45-49.

[26] 王玥.质量管理工具的实际应用 [J].中国质量，2012 (07)：44-46.

[27] 郑照宁，武玉英，包涵龄.用鱼骨图与层次分析法结合进行企业诊断 [J].中国软科学，2001 (1)：118-121.

[28] 李隆章.基尼系数和帕累托曲线 [J].统计研究，1990 (4)：65-68.

[29] 王昀睿.基于 IE 的微型电动机装配生产现场改善 [J].现代制造工程，2015 (9)：38-41.

[30] 杜国城，陈锡宝.装配式混凝土建筑概论 [M].上海：上海交通大学出版社，2017.

[31] 张连营，郑宏亚.建筑工业化发展障碍研究［J］.建筑经济，2016，37，400（2）：10-14.

[32] 李忠富.住宅产业化论［M］.北京：科学出版社，2003.

[33] 张波，陈建伟，肖明和.建筑产业现代化概论［M］.北京：北京理工大学出版社，2016.

[34] 叶浩文.EPC 五化一体是建筑工业化必由之路［C］.2015 国际工业化住宅设计与建造峰会，2015.

[35] 黄小坤，田春雨，万墨林，等.我国装配式混凝土结构的研究与实践［J］.建筑科学，2018，34（9）：50-55.

[36] 王全良，邓晓红.基于物联网的装配式建筑质量管理系统研究［J］.城市住宅，2014（9）.

[37] 山东建筑大学管理工程学院，济南凯发房地产咨询公司.济南市装配式建筑部品（构件）质量管理机制研究报告［R］.济南，2016.

[38] 刘志刚.装配式钢结构建筑体系概述与技术要点分析［J］.价值工程，2019，38（36）：20-22.

[39] 中华人民共和国住房和城乡建设部.钢结构设计标准 GB 50017—2017［M］.北京：中国建筑工业出版社，2017.

[40] 陈富生，邱国桦，范重.高层建筑钢结构设计［M］.2 版.北京：中国建筑工业出版社，2004.

[41] 郑振华，钟吉湘，谢斌.装配式建筑体系节能技术发展综述［J］.建筑节能，2020，48（4）：138-143.

[42] 黄宇星，祝磊，张艳霞.钢-混凝土混合结构研究综述［C］：钢结构工程研究（九）——中国钢结构协会结构稳定与疲劳分会第 13 届（ISSF-2012）学术交流会暨教学研讨会论文集，2012.

[43] 刘晓东，李超男.浅谈钢-混凝土混合结构的设计与应用［J］.建材发展导向，2016.

[44] 李晶.钢-混凝土混合结构设计浅析［J］.2015（60）：250-251.

[45] 李锦红，王修信，陈亮.浅谈钢-混凝土混合结构［J］.山西建筑，2008（15）：15-16.

[46] 汪大绥，周建龙.我国高层建筑钢-混凝土混合结构发展与展望［J］.建筑结构学报，2010，31（6）：62-70.

[47] 梁超.现代木结构建筑技术的优势［J］.上海建设科技，2006（5）：57-58.

[48] 周睿.我国现代木结构建筑的发展趋势分析［J］.四川建材，2020，46（02）：56-57.

[49] 黄蔚欣，张惠英.盒子结构建筑［J］.工业建筑，2001（9）：17-19.

[50] 刘颐佳，高路.盒子结构建筑及应用与展望［J］.四川建材，2008，28（5）：136-138.

[51] 齐宝库，王丹，白庶，等.预制装配式建筑施工常见质量问题与防范措施［J］.建筑经济，2016，37（05）：28-30.

[52] 郭金才.装配式建筑施工质量控制要点［J］.住宅与房地产，2017（24）：176.

[53] 苏健，罗志敏.大型商业建筑整体装配式结构施工技术［J］.建筑施工，2017，39（04）：489-491.

[54] 朱书文.装配式钢结构建筑工程施工监理控制要点［J］.建设监理，2019（07）：85-86.

[55] 沈春国，徐荣增，毛坚正，等.上海地区装配式建筑预制混凝土构件生产工厂现状及发展前景［J］.上海建材，2016（1）：15-16.

[56] 许光有.预应力混凝土空心板质量事故分析［J］.工业建筑，1999（12）.

[57] 邬国良.混凝土预制空心板的质量事故浅析［J］.混凝土与水泥制品，1989（2）：59.

[58] 付超.住宅产业化综合效益分析与评价 [D].大连:大连理工大学,2015.

[59] 贾洪,李爱群,王维,等.一种装配式钢筋混凝土框架结构体系 [P].

[60] 杜新智,李黎明.框架结构体系的钢筋混凝土预制构件装配式房屋建造方法 [P].

[61] 王东辉,陈勇,刘玉涛,等.采用钢筋搭接方式的装配整体式混凝土结构体系 [P].

[62] 刘霞,叶燕华,王滋军,等.新型钢筋混凝土叠合结构体系研究 [J].混凝土,2010 (7):133-135.

[63] 班慧勇,范俊伟,杨璐.可拆卸钢结构的研究现状与应用前景 [C].第 27 届全国结构工程学术会议,2018.

[64] 刘大胜,蒋勤俭,黄清杰,等.预制混凝土构件工厂全国重点区域规划布局研究 [J].混凝土与水泥制品,2019 (9):60-65.

[65] 刘艳琨.房企建筑部品采购模式研究 [J].中国统计,2013 (01):57-59.

[66] 吴兴祖,白常举.混凝土制品中水份的变换及其表面质量 [J].建筑技术科研情报,1978 (03):30-34.

[67] 唐润顺,陈世忠.混凝土预制件的火焰穿孔技术 [J].工业建筑,1980,10 (5):62-63.

[68] 川岛满城,金丸和光,张日红,等.用免振自密实混凝土生产预制构件 [J].混凝土与水泥制品,2003 (03):40-42.

[69] 黄龙显,潘颖.小型混凝土预制构件的施工工艺及质量控制 [J].西部交通科技,2007 (01):36-38.

[70] 梁冠成.混凝土预制构件生产周期内裂缝的形成及其防治 [D].广州:华南理工大学,2009.

[71] 刘书程,王宁宁,管正兵,等.生态护坡预制构件自密实混凝土工作性能与浇筑工艺研究 [J].混凝土,2016 (12):118-122.

[72] 陆廷超.浅析混凝土预制构件厂的质量管理 [J].混凝土及建筑构件,1980 (02):51-57.

[73] 金孝权.加强质量管理 确保构件质量 [J].混凝土与水泥制品,1992 (04):55-56.

[74] 赵美华,陈龙敏.加强质量管理确保构件质量 [J].黑龙江科技信息,2002 (04):63.

[75] 刘志杰,陈建坤,杨振东.对乡、镇预制混凝土构件质量监督管理的探讨 [J].混凝土,2003 (12):65-67.

[76] 胡珉,陆俊宇.基于 RFID 的预制混凝土构件生产智能管理系统设计与实现 [J].土木建筑工程信息技术,2013,5 (3):50-56.

[77] 刘敬爱.装配式建筑部品 (构件) 生产质量风险管理研究——以济南为例 [J].建筑经济,2016,37 (11):114-117.

[78] 王爱玲.预制混凝土构件质量管理的探讨 [J].工程质量,2017,35 (02):72-75.

[79] 韩晶晶,黄朝威,黄中强,等.基于装配式建筑的地方高校人才培养 [J].价值工程,2018 (2):198.

[80] 王云燕,姜腾腾.装配式建筑发展时期产业工人队伍如何建设 [J].建筑工人,2018 (10):6-8.

[81] 李文娟.安徽:大力发展装配式建筑促进建筑产业转型 [J].工程建设标准化,2017.

[82] 孙海滨.促进劳务工人向技术工人转型 [J].施工企业管理,2017:48.

[83] 蒲锰,嵇飙,范涛.《山东省装配式混凝土建筑工程质量监督管理工作导则》的出台和解读

[J]. 工程质量，2015.

[84]　Sc Iso Iec Jtc. 系统工程. ISO 9001 在系统寿命周期过程的应用指南 [S]. 2003.

[85]　张涛，李力，高卫平，等. 基于二维码技术的质量追溯系统在建筑工程中的探索与实施 [J]. 建筑安全，2015，30（5）：12-14.

[86]　孙峻，丁烈云，曹立新. 建设工程全寿命周期质量监管体系研究 [J]. 建筑经济，2007（12）：29-31.

[87]　邓晓红，刘佳，徐秀杰，等. 装配式建筑质量追溯系统研究 [J]. 住宅产业，2015，180（10）：48-53.

[88]　郭巍. 项目信息门户（PIP）在建设工程项目管理中的应用分析 [J]. 重庆工商大学学报（自然科学版），2009，26（2）：166-170.

[89]　齐俊鹏，田梦凡，马锐. 面向物联网的无限射频识别技术的应用及发展 [J]. 科学技术与工程，2019，19（29）：1-10.

[90]　李惠玲，孙飞，高心蕊. 装配整体式混凝土的物联网监测系统的构建 [J]. 建设监理，2016（4）：16-19.

[91]　曹越. 物联网技术在工程质量检测中的应用 [J]. 中国标准化，2018，520（8）：81-83.

[92]　蒋其刚，石荣月，李莹. 建设工程质量智慧检测系统的应用与探析 [J]. 工程质量，2016（s1）：143-146.

[93]　赵致宾. 物联网技术在工程质量检测中的应用 [D]. 成都：西南交通大学，2012.

[94]　胡珉，陆俊宇. 基于 RFID 的预制混凝土构件生产智能管理系统设计与实现 [J]. 土木建筑工程信息技术，2013（3）：54-60.

[95]　广州健永信息科技有限公司. RFID 混凝土预制构件全生命周期信息化智能管理系统 [Z]. 2020.

[96]　何顺兴，刘宁宁，郭海东. 基于物联网的工程车辆运输监控系统设计与实现 [J]. 中国管理信息化，2019，22（08）：179-181.

[97]　Johnston B, Bulbul T, Beliveau Y, et al. An assessment of pictographic instructions derived from a virtual prototype to support construction assembly procedures [J]. Automation in Construction, 2016, 64: 36-53.

[98]　Chen LiJuan, Luo Hanbin. A BIM-based construction quality management model and its applications [J]. Automation in Construction, 2014, 46: 64-73.

[99]　Nahangi M, Hass C T. Automated 3D compliance checking in pipe spool fabrication [J]. Advanced Engineering Informatics, 2014, 28 (4): 360-369.

[100]　Kwon Oh Seong, Park Chan-Sik, Lim Chung-Rok. A defect management system for reinforced concrete work utilizing BIM, image-matching and augmented reality [J]. Automation in Construction, 2014, 46: 74-81.

[101]　Park Chan-Sik, Lee Do-Yeop, Kwon Oh-Seong, et al. A framework for proactive construction defect management using BIM, augmented reality and ontology-based data collection template [J]. Automation in Construction, 2013, 33: 61-71.

[102]　叶凌，杜羿.英国建筑行业 BIM 发展概述 [J].施工技术，2017，46（06）：60-64.

[103]　贺灵童.BIM 在全球的应用现状 [J].工程质量，2013（3）：18-25.

[104]　常春光，王嘉源，李洪雪.装配式建筑施工质量因素识别与控制 [J].沈阳建筑大学学报（社会科学版），2016，18（01）：58-63.

[105]　李洪雪，常春光，王嘉源.装配式建筑施工质量因素识别与控制 [J].沈阳建筑大学学报（社会科学版），2016，0（1）.

[106]　张兴龙.装配整体式混凝土结构施工安装常见质量通病与防治 [J].安徽建筑，2014，21（04）：99-100.

[107]　谭孝尘.PC 装配整体式剪力墙结构施工工效提升案例研究 [J].科技与企业，2016（07）：132.

[108]　宋竹.预制装配式建筑的设计要点分析 [J].住宅与房地产，2016（06）：68.

[109]　姜绍杰，张宗军，王健.装配式混凝土建筑施工管理与质量控制 [J].住宅产业，2015（08）：67-71.

[110]　曹诗定，王伟.装配式建筑优点、技术难点剖析与监管重点探索 [J].工程质量，2015，33（11）：24-27.

[111]　翟鹏.新型建筑工业化建设项目管理改进研究 [D].济南：山东建筑大学，2015.

[112]　姬丽苗，张德海，管桷瑜，等.基于 BIM 技术的预制装配式混凝土结构设计方法初探 [J].土木建筑工程信息技术，2013，5（01）：54-56.

[113]　王艺博.建筑工程质量保障体系构建的研究 [J].山东工业技术，2015（10）：111.

[114]　邬晓光.工程质量控制与管理 [M].北京：人民交通出版社，2011.

[115]　周诚，陶冶，林兴贵.基于穿戴式设备的地铁隧道施工隐患排查与管控 [J].土木工程与管理学报，2016，33（02）：30-35.

[116]　徐晟，骆汉宾.基于图示语言的工人行为安全培训系统 [J].土木工程与管理学报，2014，31（03）：51-55.

[117]　于龙飞，张家春.基于 BIM 的装配式建筑集成建造系统 [J].土木工程与管理学报，2015，32（04）：73-78.

[118]　袁林.装配式建筑施工质量影响因素与控制措施分析 [J].科技经济导刊，2017（08）：218-219.

[119]　苏杨月，赵锦锴，徐友全，等.装配式建筑生产施工质量问题与改进研究 [J].建筑经济，2016，37（11）：43-48.

[120]　马健翔.装配式建筑结构施工质量评价分析及应用 [J].建筑技术开发，2018，47（s4）：1732-1735.

[121]　Li Heng, Guo H L, Skitmore Martin, et al. Rethinking prefabricated construction management using the VP-based IKEA model in Hong Kong [J]. Construction Management & Economics, 2010, 29 (3): 233-245.

[122]　Lu Weisheng, Huang G Q, Li Heng. Scenarios for applying RFID technology in construction project management [J]. Automation in Construction, 2011, 20 (2): 101-106.

［123］ 施洪清.钢筋混凝土装配式建筑工程的质量控制［J］.墙材革新与建筑节能，2017（06）：43-45.

［124］ 邓长文.装配式建筑施工质量问题与质量控制［J］.商品与质量，2017（23）：226.

［125］ 朱超.浅谈装配式建筑施工质量控制［J］.建筑工程技术与设计，2017（8）：1741.

［126］ 李娜.浅谈装配式混凝土结构建筑施工质量问题与质量控制［J］.中国房地产业，2017（24）：109.

［127］ 高义民，丁建军，李文华.试论装配式建筑施工质量因素的识别与控制［J］.门窗，2018（1）：159.

［128］ 李天亮.预制装配式建筑外墙防水节点施工质量控制［J］.建筑工程技术与设计，2016（19）：1922.

［129］ 方伟国.装配式建筑工程施工质量控制研究——以万科某装配式高层住宅为示例［J］.赤峰学院学报（自然科学版），2017，33（16）：125-127.

［130］ 单正猷.装配式建筑施工质量控制措施［J］.建筑施工，2017，39（7）：992-994.

［131］ 田东方.BIM技术在预制装配式住宅施工管理中的应用研究［D］.武汉：湖北工业大学，2017.

［132］ 段梦恩.基于BIM的装配式建筑施工精细化管理的研究［D］.沈阳：沈阳建筑大学，2016.

［133］ 肖阳，刘为.BIM技术在装配式建筑施工质量管理中的应用研究［J］.价值工程，2018，37（06）：104-107.

［134］ Bryde David，Broquetas Martí，Volm Jürgen Marc. The project benefits of Building Information Modelling（BIM）［J］. International Journal of Project Management，2013，31（7）：971-980.

［135］ Eastman Chuck，Teicholz Paul，Sacks Rafael，et al. BIM Handbook：A Guide to Building Information Modeling for Owners，Managers，Designers，Engineers and Contractors［M］. 2008.